한 번만 읽으면 확 잡히는

수학 I

홍두표 지음

수학 걱정이 없는 행복한 세상을 꿈꾸며

대다수 학생들의 수학에 대한 선입견은 '어렵다!' 입니다. 수학 없는 세상에서 살고 싶다는 친구들도 있어요. 그런 말들을 충분히 이해합니다. 다른 과목의 성적이 아무리 좋아도 수학 때문에 점수를 다 까먹으니까 말입니다. 그렇다고 수학이 없어지진 않을 테니 더 큰 고민일 겁니다. 특별한 수학적인 두뇌를 갖고 태어난 친구들이야 문제가 없겠지만 그렇지 않은 친구들에게는 중요한 문제이지요.

무슨 일이든 첫 발을 내딛기는 힘듭니다. 속담에 '시작이 반이다!' 란 말이 있죠. 수학공부를 시작해보면, 어려울 거라 생각했던 문제도 의외로 쉽게 풀리는 경우를 경험해본 적이 있을 것입니다. 문제는 '내가 하기 싫은데 어떻게 발을 옮길 수 있느냐'는 겁니다. 첫 발을 옮겼다 해도 그 다음 발을 옮길 수 있는 에너지를 공급받아야 하는 것이죠. 그 에너지를 공급받지 못해서 수학을 외면하는 친구들, 또는 잡았다 해도 금방 포기하는 친구들이 많은 겁니다.

수학이 어려운 친구들은 일단 수학 책을 잡아보세요. 그 다음은 손에서 놓지 않고 끝까지 풀어봐야 합니다. 그래야 결실이 있으니까요. 이 과정이 성공하는 길이라면 그런 과정으로 이끌어줄 책이 필요할 것입니다. 하지만 대부분의 책은 문제풀이 중심입니다. 어려운 문제가 많이 실린 책들이 대부분이란 얘기죠. 그런 책들은 수학을 싫어하는 친구들에겐 거부감을 줄 뿐이에요. 다시 말해 결심을 하고 첫 발은 내딛었지만 앞으로 나아갈 수 있는 에너지를 공급해줄 수 없는 책들입니다.

이 책은 오로지 이러한 문제를 해결하기 위해 꾸며진 책입니다. 제목인 《한 번만 읽으면 확 잡히는 수학》에서 연상되는 이미지가 있을 것입니다. 말 그대로 한 번만 읽어도 수학 전체를 한눈에 볼 수 있는 책이라 자부합니다. 그러나 이 책 한 권으로 수학을 모두 마스터한다는 뜻은 결코 아닙니다. 이 책은 각 단원에서 반드시 필요한 원리들을 하나하나 짚고 넘어가도록 구성했습니다. 또한 반드시 필요한 핵심적인 문제만 엄선하여 정말 쉽게 해설하고 있습니다. 수학을 공부하고자 첫 발을 내디딘 친구들이 그 다음 발을 디딜 수 있도록 지루하지 않게 흥미롭게 꾸며진 책입니다.

이 책의 내용을 산에 비유하자면 산 속의 한 그루 나무를 찾게 하는 것이 아니라 산 전체를 한 눈으로 바라볼 수 있는 안목을 심어주는 책이라 할 수 있답니다. 수학을 잘 못하는 친구들의 특징은 한 단원에만 집착하고 열심히 한 나머지 시간이 지나 앞 단원들의 문제를 물어보면 '생각이 안 나는데요?', '모르겠어요!' 라 대답하는 경우가 대부분입니다. 이런 악순환이 반복되면서 수학을 점점 멀리하게 되는 것이지요.

'수학 I'은 '고1 과정'의 내용을 바탕으로 이뤄진 분야입니다. '고1 과정'의 내용이 잘 정리되지 않았다면 《한 번만 읽으면 확 잡히는 수학 상·하》를 반드시 읽어야 합니다. 이것은 권하는 것이 아니라 필수입니다. 오랜 시간이 걸리지 않습니다. 며칠만 투자하면 됩니다. 그러면 수학 전체를 한눈에 바라볼 수 있는 안목이 길러질 것입니다. 혹시나 하는 마음에 펼쳐봤던 이 책이 정말 내 인생을 바꿔주는 소중한 보배 같은 책이 될 수 있길 간절히 바랍니다. 마지막으로 당부합니다. 중간에 결코 포기하지 마세요. 끝까지 읽어야 합니다. 다시 한 번 더 읽어보세요. 인내의 열매는 크고 아름답습니다. 분명히 산 전체가 보이고 숲이 보이고 그 숲 속에 있는 작은 나무들까지도 선명하게 보일 것입니다.

2010년 1월 홍두표

목 차 | Contents

Part 01

지수·로그 함수의 세계
그 세계는 수학을
조직화 한다!

- 지수의 활용과 그 함수의 세계로
- 로그와 그 함수의 세계로

지수의 활용과
그 함수의 세계로!

　　프랑스의 철학자이자 수학자이기도 한 데카르트(1596~1650)는 어려서부터 굉장히 몸이 허약했습니다. 그래서 침대에 누워 있는 시간이 많았죠. 어느 날 천장을 봤더니 파리 한 마리가 날아다니고 있었답니다. 그 움직이는 파리를 보면서 데카르트는 좌표의 원리를 생각해냈어요. 즉 천장을 네모 판으로 생각하고 파리의 위치를 본 거였죠. 여러분은 좌표 평면이 대수롭지 않게 느껴질지도 몰라요. 하지만 그것이 있기 때문에 함수나 도형을 수식화할 수 있습니다. 나아가 그래프도 그릴 수 있었지요. 그뿐만 아니라 도형의 면적이나 부피도 구할 수 있습니다. 어떻게 보면 파리 한 마리가 엄청나게 큰 수학적 업적을 이룬 셈이죠.

우리는 지금부터 지수함수와 로그함수를 공부할 거예요. 이 두 가지 함수를 어려워하는 친구들이 많은데 이제 공부해보면 그렇지 않다는 것을 알게 될 것입니다. 지수부분에 변수가 있는 함수가 **지수함수**이고, 진수부분에 변수가 있는 함수를 **로그함수**라 합니다. 함수가 어려울 것이라고 지레 겁 먹지 마세요. 파리 한 마리의 움직임을 통해 학문의 주춧돌을 놓은 수학자도 있잖아요. 여러분은 이미 놓여진 주춧돌 위에 차근차근 집을 지어나가면 될 겁니다. 어쩌면 잠재되었던 여러분의 수학적 지혜가 마구 솟구쳐 나올지도 모르겠군요.

거듭제곱근과 지수의 확장

거듭 제곱근의 성질과 활용

거듭제곱은 문자 그대로 거듭해서 같은 수나 문자를 곱하는 것을 말하죠! $\overbrace{a \times a \times a \times a \times \cdots \times a}^{n번} = a^n$ (a를 n번 곱함)

$x^n = a$에서의 근, 즉 x값을 의미하죠!

$x^n = a$의 실근은 어떤 것일까요?

$y = x^n$과 $y = a$의 그래프가 만나는 점의 x좌표가 $x^n = a$의 실근이 된다는 사실!

먼저 이해해야 할 것은 $y = x^n$의 그래프의 모양! 꼭 기억해둡시다.

n이 짝수이면, 반드시 점$(1, 1)$과 점$(-1, 1)$을 지나가죠?
대입해보면 확인할 수 있습니다.

그리고 x 대신 $-x$를 넣어도 식이 변하지 않죠?

즉, $(-x)^n = x^n$. 왜냐고요? n이 짝수니까요!

다시 말하면 그래프가 y축에 대칭된다는 뜻이겠죠?

또 홀수이면 반드시 점$(1, 1)$과 점$(-1, -1)$을 지나갑니다.
왜 그럴까요? 그래프가 원점에 대칭되기 때문이죠! 먼저 그래
프의 모양을 알아봅시다!

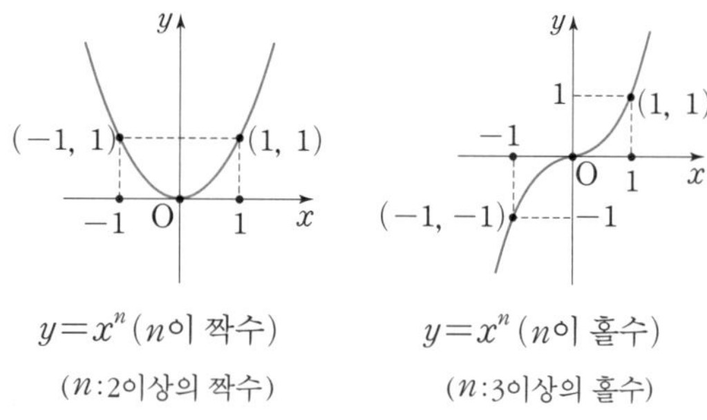

$y = x^n$ (n이 짝수) 　　　　$y = x^n$ (n이 홀수)

(n : 2이상의 짝수) 　　　　(n : 3이상의 홀수)

이제 $y = x^n$과 $y = a$의 두 그래프로 $x^n = a$의 근을 생각해봅시
다.

(1) n이 짝수일 때,

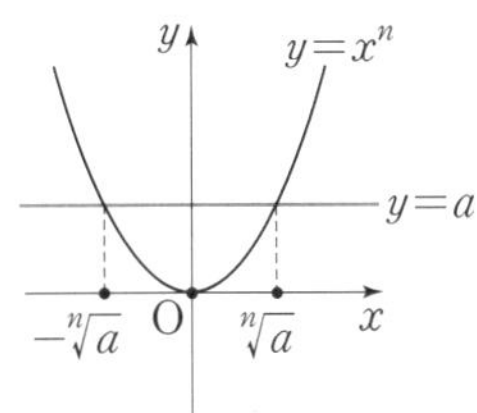

    $a>0$이면 반드시 두 점에서 만나죠? 그래서 서로 다른 두 실근을 갖는 겁니다.

    $x^n=a$의 실근은 $\pm\sqrt[n]{a}$로 표시하고요.

    n이 짝수이면 반드시 실근은 2개란 사실, 반드시 알아둡시다!

(2) n이 홀수일 때,

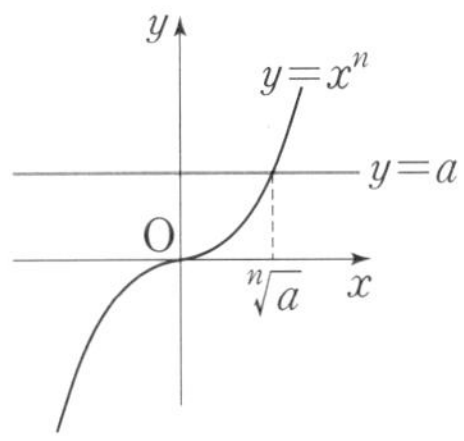

    a의 부호와 상관없이 항상 한 점에서 만나는 것을 확인할 수 있죠? 즉, 항상 실근은 1개만 존재! $x^n=a$의 실근은 $\sqrt[n]{a}$

    지수와 거듭제곱근의 기호의 약속 $a^{\frac{n}{m}}=\sqrt[m]{a^n}$을 먼저 기억해둡시다.

우리가 가장 많이 쓰는 제곱근 $\sqrt{a}$는 $\sqrt[2]{a}$와 같은 기호! 즉 등번호 2가 생략된 거죠.

그래서 $\sqrt{a}=a^{\frac{1}{2}}$이고 또 $\sqrt[n]{a}=a^{\frac{1}{n}}$이 되는 겁니다.

연습 한번 해볼까요? $a^{\frac{2}{3}}=\sqrt[3]{a^2}$, $a^{\frac{1}{3}}=\sqrt[3]{a}$, $a^{\frac{5}{4}}=\sqrt[4]{a^5}$ …

 **핵심포인트** **거듭제곱근의 성질**

$a>0,\ b>0$이고 $m,\ n,\ p$는 양의 정수일 때,

① $\sqrt[n]{a}\,\sqrt[n]{b}=\sqrt[n]{ab}$　　　　② $\dfrac{\sqrt[n]{a}}{\sqrt[n]{b}}=\sqrt[n]{\dfrac{a}{b}}$

③ $(\sqrt[n]{a})^m=\sqrt[n]{a^m}$　　　　④ $\sqrt[n]{\sqrt[m]{a}}=\sqrt[m]{\sqrt[n]{a}}=\sqrt[nm]{a}$

⑤ $\sqrt[np]{a^{mp}}=\sqrt[n]{a^m}$

위의 성질 중에서 몇 가지를 확인해봅시다.

i) $\sqrt[m]{a^n}=a^{\frac{n}{m}}$임을 이용하면, $\sqrt[n]{a^n}=a^{\frac{n}{n}}=a^1=a$　(단, $a>0$)임을 알 수 있죠?

결론적으로 $a>0$일 때, $\sqrt[n]{a^n}=a$라는 사실을 알 수 있습니다. 예를 들면, $\sqrt[4]{625}=\sqrt[4]{5^4}=5$가 되겠지요.

ii) $\sqrt[n]{\sqrt[m]{a}}=\{\sqrt[m]{a}\}^{\frac{1}{n}}=(a^{\frac{1}{m}})^{\frac{1}{n}}=a^{\frac{1}{mn}}=\sqrt[mn]{a}$가 됩니다. 예를 들어 보면,

$$\sqrt[3]{\sqrt{\sqrt[4]{a^3}}} = \sqrt[3\times2\times4]{a^3} = \sqrt[24]{a^3} = a^{\frac{3}{24}} = a^{\frac{1}{8}}$$

$$= \sqrt[8]{a} \quad (\text{참고: } \sqrt{a} = \sqrt[2]{a} \text{입니다})$$

iii) $\sqrt[np]{a^{mp}} = a^{\frac{mp}{np}} = a^{\frac{m}{n}} = \sqrt[n]{a^m}$, 예를 들면 $\sqrt[12]{a^8} = \sqrt[4\times3]{a^{4\times2}} = \sqrt[3]{a^2}$

다음 식을 간단히 해봅시다.

(1) $\sqrt[4]{\sqrt[3]{16}} \times \sqrt{\sqrt[3]{16}}$

(2) $\sqrt[4]{a^2 \sqrt[3]{a\sqrt{a}}}$

(3) $\sqrt[3]{\dfrac{\sqrt{a}}{\sqrt[4]{a}}} \times \sqrt{\dfrac{\sqrt[6]{a}}{\sqrt[3]{a}}}$

(1) 공식 $\sqrt[n]{\sqrt[m]{a}} = \sqrt[m]{\sqrt[n]{a}} = \sqrt[nm]{a}$을 이용합시다!

$$\sqrt[4]{\sqrt[3]{16}} \times \sqrt{\sqrt[3]{16}} = \sqrt[3]{\sqrt[4]{16}} \times \sqrt[3]{\sqrt{16}} = \sqrt[3]{\sqrt[4]{2^4}} \times \sqrt[3]{\sqrt{4^2}}$$

$$= \sqrt[3]{\sqrt{2}} \cdot \sqrt[3]{4} = \sqrt[3]{2\times4} = \sqrt[3]{2^3} = \mathbf{2}$$

$$\langle \text{다른 해법} \rangle \ (\text{주어진 식}) = \sqrt[12]{2^4} \times \sqrt[6]{2^4} = 2^{\frac{4}{12}} \times 2^{\frac{4}{6}}$$

$$= 2^{\frac{1}{3}} \times 2^{\frac{2}{3}} = 2^{\frac{1}{3}+\frac{2}{3}} = 2^1 = \mathbf{2}$$

(2) $\sqrt[4]{a^2 \sqrt[3]{a\sqrt{a}}} = \sqrt[4]{a^2} \cdot \sqrt[4]{\sqrt[3]{a}} \cdot \sqrt[4]{\sqrt[3]{\sqrt{a}}} = \sqrt[4]{a^2} \cdot \sqrt[4\times3]{a} \cdot \sqrt[4\times3\times2]{a}$

$$= \sqrt[4]{a^2}\,\sqrt[12]{a}\,\sqrt[24]{a} = \sqrt[4\times6]{a^{2\times6}}\,\sqrt[12\times2]{a^2}\,\sqrt[24]{a} = \sqrt[24]{a^{12}\times a^2 \times a}$$

$$= \sqrt[24]{a^{12+2+1}} = \sqrt[24]{a^{15}} = \sqrt[8\times3]{a^{5\times3}}$$

$$= \sqrt[8]{\boldsymbol{a^5}} \quad (\sqrt[np]{a^{mp}}=\sqrt[n]{a^m}\text{이용!})$$

〈다른 해법〉 $\sqrt[n]{a}=a^{\frac{1}{n}}$의 성질 이용!

$$\sqrt[4]{a^2\sqrt[3]{a\sqrt{a}}} = \left\{a^2 \times \left(a^1 \times a^{\frac{1}{2}}\right)^{\frac{1}{3}}\right\}^{\frac{1}{4}} = \left\{a^2 \times \left(a^{\frac{3}{2}}\right)^{\frac{1}{3}}\right\}^{\frac{1}{4}}$$

$$= \left(a^2 \times a^{\frac{3}{2}\times\frac{1}{3}}\right)^{\frac{1}{4}} = \left(a^2 \times a^{\frac{1}{2}}\right)^{\frac{1}{4}} = \left(a^{2+\frac{1}{2}}\right)^{\frac{1}{4}}$$

$$= a^{\frac{5}{8}} = \sqrt[8]{\boldsymbol{a^5}}$$

$$(3)\ \sqrt[3]{\frac{\sqrt{a}}{\sqrt[4]{a}}} \times \sqrt{\frac{\sqrt[6]{a}}{\sqrt[3]{a}}} = \frac{\sqrt[3]{\sqrt{a}}}{\sqrt[3]{\sqrt[4]{a}}} \times \frac{\sqrt{\sqrt[6]{a}}}{\sqrt{\sqrt[3]{a}}} = \frac{\sqrt[3\times2]{a}}{\sqrt[3\times4]{a}} \times \frac{\sqrt[2\times6]{a}}{\sqrt[2\times3]{a}}$$

$$= \frac{\sqrt[6]{a}}{\sqrt[12]{a}} \times \frac{\sqrt[12]{a}}{\sqrt[6]{a}} = \boldsymbol{1}$$

실전문제 | 01

$x = \dfrac{1}{2}\left(\sqrt[3]{5} - \dfrac{1}{\sqrt[3]{5}}\right)$일 때, $(x+\sqrt{x^2+1})^3$의 값을 구해봅시다.

$$\sqrt[3]{5}=a,\ \frac{1}{\sqrt[3]{5}}=b\text{라 두면, } x=\frac{1}{2}(a-b)$$

$$ab=\sqrt[3]{5}\times\frac{1}{\sqrt[3]{5}}=1$$

$$x^2+1=\frac{1}{4}(a-b)^2+1=\frac{1}{4}\{(a-b)^2+4\}$$

$$(a+b)^2=(a-b)^2+4ab \text{ 이용!}$$

$$=\frac{1}{4}\{(a-b)^2+4ab\}=\frac{1}{4}(a+b)^2$$

$$ab=1\text{이므로}$$

$$x+\sqrt{x^2+1}=\frac{1}{2}(a-b)+\frac{1}{2}(a+b)=a\text{가 되겠죠.}$$

$$\text{따라서 }(x+\sqrt{x^2+1})^3=a^3=(\sqrt[3]{5})^3=\mathbf{5}$$

지수법칙은 어디까지 확장될까?

중학교 때는 양의 정수라는 조건을 주고 지수법칙을 적용했던 경험이 있을 겁니다. 그런데 고등학교에 왔더니 지수에 0도 나오고 분수도 나오죠! 원칙적으로는 실수 범위까지도 확장할 수 있지만 고교 과정에서는 유리수 범위까지만 확장해서 다룬다는 사실을 기억해둡시다. 한 예로서 $a^m\times a^n=a^{m+n}$ 인 것 알고 있죠? 지수가 자연수가 아니라도 지수가 유리수라면 지수법칙 적용은 O.K! 예를 들면, $a^{\frac{1}{2}}\times a^{\frac{3}{2}}=a^{\frac{1}{2}+\frac{3}{2}}=a^2$

$a^{0.2}\times\ a^{1.6}\div a^{0.3}=a^{0.2+1.6-0.3}=a^{1.5}$도 가능하다는 겁니다.

① $a > 0, b > 0, m, n$: 유리수

   i) $a^m \times a^n = a^{m+n}$　　　　ii) $a^m \div a^n = a^{m-n}$

   iii) $(a^m)^n = a^{mn}$　　　　iv) $(ab)^m = a^m b^m$

   v) $\left(\dfrac{a}{b}\right)^m = \dfrac{a^m}{b^m}$

② 확장된 지수의 형태와 정의

   (a : 실수, m : 정수, n : 양 정수)

   i) $a^0 = 1$ (단, $a \neq 0$)　　ii) $a^{-n} = \dfrac{1}{a^n}$ (단, $a \neq 0$)

   iii) $a^{\frac{m}{n}} = \sqrt[n]{a^m}$

이상하죠, $a^0 = 1$? 왜 그럴까요? $a^m \div a^m = \dfrac{a^m}{a^m} = 1$

또 지수법칙을 이용해보면 $a^m \div a^m = a^{m-n} = a^0$

그렇다면 $a^0 = 1$ 되겠죠?

또 $a^{-n} = \dfrac{1}{a^n}$ 은 왜 그럴까요?

$$a^{-n} = a^{0-n} = a^0 \div a^n = 1 \div a^n = \dfrac{1}{a^n}$$

예를 들면 $x \neq 0$일 때 $x^3 \div x^3 = x^{3-3} = x^0 = 1$

$$x^2 \div x^5 = x^{2-5} = x^{-3} = \dfrac{1}{x^3}$$

문제 하나 낼게요. $a^{\frac{1}{2}}$을 제곱하면 어떻게 될까요?

많은 친구들이 합창으로 $a^{\frac{1}{4}}$이라고 할 겁니다.

그럼 나는 뭐라고 해야 할까요? 알밤 한 대씩 주고 틀렸다고 하죠.

$$(a^{\frac{1}{2}})^2 = a^{\frac{1}{2} \times 2} = a^1 = a \text{와} \quad a^{\left(\frac{1}{2}\right)^2} = a^{\frac{1}{4}} \text{을 구별해야죠.}$$

그럼 $a^{\frac{1}{2}}$을 세제곱하면? $a^{\frac{1}{8}}$이 아니라 $a^{\frac{3}{2}}$이겠죠.

$a^{\frac{1}{2}} + a^{-\frac{1}{2}} = 4$일 때, $a + a^{-1}$, $a^2 + a^{-2}$, $a^{\frac{3}{2}} + a^{-\frac{3}{2}}$의 값을 구해봅시다.

$a^{\frac{1}{2}} + a^{-\frac{1}{2}} = 4$ $\cdots$ ① 라 해둡시다. ①의 양변을 제곱하면

$$(a^{\frac{1}{2}} + a^{-\frac{1}{2}})^2 = 4^2, \quad (a^{\frac{1}{2}})^2 + 2 \times a^{\frac{1}{2}} \times a^{-\frac{1}{2}} + (a^{-\frac{1}{2}})^2 = 16$$

전개공식 $(x+y)^2 = x^2 + 2xy + y^2$ 이용!

$$a^{\frac{1}{2} \times 2} + 2 \times a^{\frac{1}{2} + \left(-\frac{1}{2}\right)} + a^{-\frac{1}{2} \times 2} = a^1 + 2a^0 + a^{-1} = 16, \quad a^0 = 1 \text{이므}$$

로 $a + 2 + a^{-1} = 16$, $a + a^{-1} = 14$가 됩니다.

$a + a^{-1} = 14$의 양변을 제곱합시다.

$(a+a^{-1})^2=14^2$, 전개하면, $a^2+2\times a\times a^{-1}+(a^{-1})^2=196$,

$a^1\times a^{-1}=a^0=1$이므로

$a^2+2+a^{-2}=196$, $a^2+a^{-2}=194$가 됩니다.

앞에서 공부한 변형공식 $x^3+y^3=(x+y)^3-3xy(x+y)$을 기억하죠? 지금 이걸 이용하려고 하거든요.

$$a^{\frac{3}{2}}+a^{-\frac{3}{2}}=(a^{\frac{1}{2}})^3+(a^{-\frac{1}{2}})^3$$
$$=(a^{\frac{1}{2}}+a^{-\frac{1}{2}})^3-3\times a^{\frac{1}{2}}\times a^{-\frac{1}{2}}\times(a^{\frac{1}{2}}+a^{-\frac{1}{2}})$$

$a^{\frac{1}{2}}\times a^{-\frac{1}{2}}=a^0=1$임을 고려한다면,

$$a^{\frac{3}{2}}+a^{-\frac{3}{2}}=(a^{\frac{1}{2}}+a^{-\frac{1}{2}})^3-3(a^{\frac{1}{2}}+a^{-\frac{1}{2}})$$
$$=4^3-3\times 4=64-12=\mathbf{52}$$

수능기출 | 01

$2^a=c$, $2^b=d$일 때, $\left(\dfrac{1}{2}\right)^{2a+b}$과 같은 것은 무엇인지 구해봅시다.

① $\dfrac{1}{cd}$　　② $\dfrac{1}{2cd}$　　③ $\dfrac{1}{c^2d}$　　④ $-cd$　　⑤ $-2cd$

공식 $\left(\dfrac{b}{a}\right)^{n}=\dfrac{b^{n}}{a^{n}}$ 을 이용!

$$\left(\dfrac{1}{2}\right)^{2a+b}=\dfrac{1}{2^{2a+b}}=\dfrac{1}{(2^{a})^{2}\times 2^{b}}=\dfrac{1}{c^{2}d}$$

정답 : ③

실전문제 | 02

$25^{x}=4^{y}=a$ 이고 $\dfrac{1}{x}+\dfrac{1}{y}=2$ 일 때, 상수 a 의 값을 구해봅시다.

실전풀이 02

$25^{x}=a$ 에서 양변을 $\dfrac{1}{x}$ 제곱을 합니다. 즉 $(25^{x})^{\frac{1}{x}}=a^{\frac{1}{x}}$,

$$25=a^{\frac{1}{x}} \qquad\qquad\qquad \cdots ①$$

같은 방법으로 $4^{y}=a$ 의 양변에도 $\dfrac{1}{y}$ 제곱을 합니다.

즉, $(4^{y})^{\frac{1}{y}}=a^{\frac{1}{y}}$, $4=a^{\frac{1}{y}}$ $\qquad\qquad \cdots ②$

이제 ①, ②식을 서로 곱해주면 $a^{\frac{1}{x}}\times a^{\frac{1}{y}}=25\times 4$,

$a^{\frac{1}{x}+\frac{1}{y}}=100$, $\dfrac{1}{x}+\dfrac{1}{y}=2$ 이므로

$a^{2}=100$, $\boldsymbol{a=10}$ 이 되지요 ($※\ 25^{x}=a$ 에서 a 는 양수)

지수함수란 어떤 함수일까?

지수함수의 그래프

$y=a^x$ (단, $a\neq1$, $a>0$)와 같은 형태의 함수를 지수함수라 합니다.

밑수 a는 $a\neq1$, $a>0$이므로 $0<a<1$, $a>1$로 분류가 되겠죠? 먼저 그래프를 기억합시다.

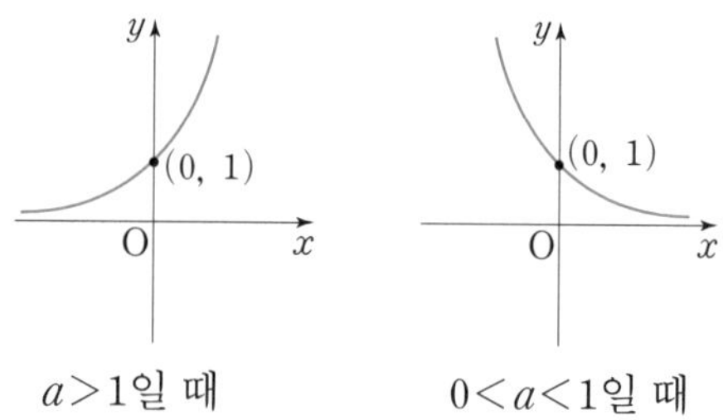

$a>1$인 경우는 x값이 커짐에 따라 y값도 점점 커지죠? 이런 함수를 **증가함수**라 합니다. $0<a<1$인 경우는 x값이 커짐에 따라 y값은 점점 작아지죠? 이런 함수는 **감소함수**입니다. 또 그래프에서 $(0, 1)$을 지나는 것을 알겠어요?

$y=a^x$에서 점$(0, 1)$을 대입해보세요. 성립하죠? $a^0=1$이니까요.

또 그래프가 x축에 점점 가까이 접근하죠? 이런 직선을 점근선(漸近線)이라 합니다.

그래서 점근선의 방정식은 $y=0$(즉, x축)

지수함수의 성질

지수함수 $y=a^x$ (단, $a\neq1$, $a>0$)

① 정의역 : R(실수 전체), 치역 : $\{y\,|\,y>0\}$

② 정점 $(0, 1)$을 지난다.

③ 점근선 : x축 $(y=0)$

④ $\begin{cases} a>1: \text{증가함수} \\ 0<a<1: \text{감소함수} \end{cases}$

예를 들어봅시다.

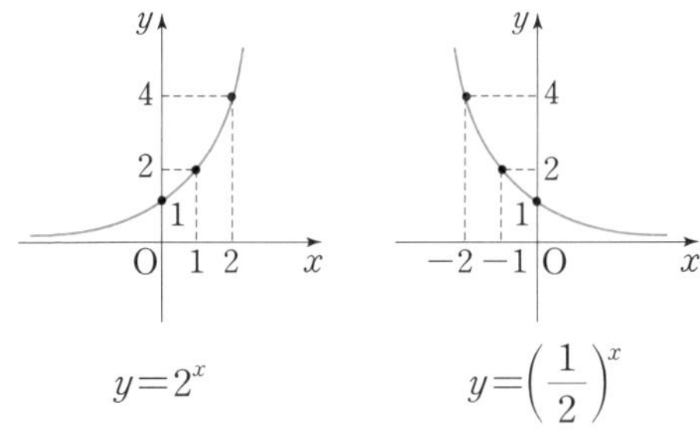

그래프를 통해서 지수함수의 성질을 공부했는데 어떤 성질

을 찾을 수 있을까요?

  밑수 a가 $a>1$일 때는 지수 x값이 커지면 커질수록 y값도 점점 커져갑니다. 물론 지수 x값이 작아지면 작아질수록 y값도 점점 작아지겠죠.

  반면 밑수 a가 $0<a<1$일 때는 지수 x값이 커지면 커질수록 y값은 점점 작아지고, 지수 x값이 작아지면 작아질수록 y값은 점점 커진답니다.

$$a>1일 \ 때, \qquad a^m>a^n 이면 \quad m>n$$
$$0<a<1일 \ 때, \quad a^m>a^n 이면 \quad m<n$$

(1) $y=3^x$의 $2 \leqq x \leqq 3$에서의 최대, 최소값을 구해봅시다.

(2) $y=\left(\dfrac{2}{3}\right)^x$의 $2 \leqq x \leqq 3$에서의 최대, 최소값을 구해봅시다.

(1) $y=3^x$의 밑수는 1보다 크므로 증가함수!

$x=2$일 때, 최소값 $3^2=\mathbf{9}$, $x=3$일 때, 최대값 $3^3=\mathbf{27}$

(2) $y=\left(\dfrac{2}{3}\right)^x$의 밑수는 1보다 작은 양수이므로 감소함수!

$x=3$일 때, 최소값 $\left(\dfrac{2}{3}\right)^3=\dfrac{\mathbf{8}}{\mathbf{27}}$

$x=2$일 때, 최대값 $\left(\dfrac{2}{3}\right)^2=\dfrac{\mathbf{4}}{\mathbf{9}}$

확인예제 | 04

$0 \leqq x \leqq 3$일 때, 지수함수 $f(x)=2^{x^2-2x+3}$의 최대값과 최소값을 구해봅시다.

먼저 주어진 범위 $0 \leqq x \leqq 3$에서 지수의 최대, 최소값을 먼저 구해봅시다.

$x^2-2x+3=(x^2-2x+1)+2=(x-1)^2+2$를 2차함수로

보고 그래프를 그려 $0 \leq x \leq 3$에서 최대값, 최소값을 먼저
구해야 합니다.

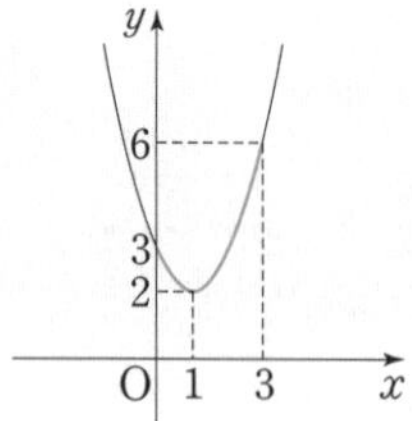

지수 $x^2 - 2x + 3$은 $x=1$일 때, 최소값 2를 갖고, $x=3$일
때 최대값 6을 갖죠?

즉, $2 \leq x^2 - 2x + 3 \leq 6$

그런데 $f(x)$는 밑수가 2이므로 증가함수이지요.

따라서 지수가 최소일 때 최소값, 최대일 때 최대값을 갖
겠죠?

그래서 **최대값은 $2^6 = 64$, 최소값은 $2^2 = 4$가** 됩니다.

$y = 2^{x+2} - 4^x + 1$의 최대값을 구해봅시다.

$4^x=(2^2)^x=2^{2x}=(2^x)^2$로 변형할 수 있죠?

그래서 $y=2^x\cdot2^2-(2^x)^2+1$, $2^x=t$ (단, $t>0$)라 두면,

준식은 $y=-t^2+4t+1=-(t^2-4t+4)+5$

$$=-(t-2)^2+5.$$

2차함수에서 배운 것!

$t=2$일 때 최대값 : $\mathbf{5}$

함수 $f(x)=\left(\dfrac{2}{3}\right)^{-x^2+2x+a}$의 최소값이 $\dfrac{16}{81}$일 때, 상수 a의 값을 구해봅시다.

먼저 지수 $-x^2+2x+a$가 최대값만 갖는다는 것 알죠?

2차계수가 음수니까 위로 볼록한 포물선! 완전제곱식으로!

$-x^2+2x+a=-(x^2-2x+1)+1+a$

$$=-(x-1)^2+1+a$$

$x=1$일 때, 최대값 $a+1$을 갖죠? 그런데 $f(x)$는 밑수가 1 보다 작은 양수이므로 감소함수!

지수가 최대값만 갖기 때문에 $f(x)$는 최소값만 가질 수 있 겠죠?

감소함수는 항상 지수와 함수값의 대소가 반대라 했죠? 그 래서 $f(x)$의 최소값은 $\left(\dfrac{2}{3}\right)^{a+1}$

그래서 $\left(\dfrac{2}{3}\right)^{a+1}=\dfrac{16}{81}=\left(\dfrac{2}{3}\right)^{4}$, $a+1=4$이므로 $\boldsymbol{a=3}$

정의역이 $\{x\,|\,-1\leqq x\leqq 3\}$인 두 지수함수 $f(x)=4^{x}$, $g(x)=\left(\dfrac{1}{2}\right)^{x}$ 에 대하여, $f(x)$의 최댓값을 M, $g(x)$의 최솟값을 m이라 할 때, Mm의 값을 구하세요.

① 8   ② 6   ③ 4   ④ 2   ⑤ 1

지수함수 $f(x)=a^x$가 $a>1$이면 증가함수, $0<a<1$이면 감소함수이죠. 증가함수는 x의 값이 크면 클수록 함수값이 커지고, 감소함수는 x의 값이 작으면 작을수록 함수값이 커진다는 사실과, x가 갖는 범위가 $-1\leq x\leq 3$임을 생각하면서 문제를 해결해보세요.

$f(x)=4^x$는 증가함수이므로 $x=3$일 때, 최댓값을 갖죠.

$M=4^3=64$

또 $g(x)=\left(\dfrac{1}{2}\right)^x$는 감소함수이므로 $x=3$일 때, 최솟값을 갖죠. $\left(\dfrac{1}{2}\right)^3=\dfrac{1}{8}$

$\therefore Mm=64\times\dfrac{1}{8}=8$ **정답 : ①**

지수방정식과 부등식의 해법을 찾아보자

지수 부분에 미지수가 들어 있는 방정식과 부등식을 **지수방정식**, **지수부등식**이라 합니다.

지금부터 이들의 해를 구하는 방법을 연구해봅시다.

지수방정식의 해법

① 밑수를 통일시킵니다.

$$\text{즉, } a^{f(x)}=a^{g(x)} \ (\text{단}, a\neq 1, a>0)$$

$$\Rightarrow f(x)=g(x) \text{을 풉니다.}$$

※ $a\neq 1$임을 반드시 확인해야 합니다. $a=1$이면 지수가 같지 않아도 등호가 성립합니다.

② 밑수 통일 안 될 때는 등식의 양변에 log를 취하여 해결합니다. 즉, $a^{f(x)}=b^{\,g(x)} \ (\text{단}, a\neq b)$

$$\Rightarrow \log(a^{f(x)})=\log(b^{g(x)}) \text{를 풉니다.}$$

③ 지수에 log가 있고 지수와 밑수에 같은 문자가 있을 경우 $\Rightarrow$ 양변에 log를 취합니다.

• 다음 단원에서 log를 배울 것입니다. 해법만 익혀둡시다!

확인예제 | 06

다음 방정식을 풀어봅시다.

(1) $27^x=\dfrac{1}{81\sqrt{3}}$

(2) $2^{2x}-2^{x+2}-32=0$

(1) 우선 양쪽의 밑수를 같게 합니다. 밑수는 3으로 하고요.

$$27^x=(3^3)^x=3^{3x},\ 81\sqrt{3}=3^4\times3^{\frac{1}{2}}=3^{4+\frac{1}{2}}=3^{\frac{9}{2}}$$ 이므로

$$\frac{1}{81\sqrt{3}}=3^{-\frac{9}{2}} \qquad \leftarrow \frac{1}{a^n}=a^{-n}\text{임을 이용!}$$

$$\therefore\ 3^{3x}=3^{-\frac{9}{2}},\ \text{밑수가 1 아니면서 같으니까}\ 3x=-\frac{9}{2}$$

$$\boldsymbol{x=-\frac{3}{2}}$$

(2) $(2^x)^2-2^x\cdot2^2-32=0$ 로 변형하고

$2^x=t$ 로 치환하면 $t^2-4t-32=0$

$(t+4)(t-8)=0$ 에서 $t=-4,\ t=8$ 이 나오죠.

그런데 놓치면 안 될 것 하나!

$2^x=t>0$ 라는 것. $\leftarrow a>0$일 때, $a^x>0$라는 사실

$\therefore\ t=8$ 즉, $2^x=8=2^3,\ \boldsymbol{x=3}$

핵심포인트　　**지수부등식의 해법**

① 밑수를 통일 시킵니다. 즉, $a^{f(x)}>a^{g(x)}$

　(단, $a\neq1,\ a>0$)

　i) $a>1$일 때, $f(x)>g(x)$

　ii) $0<a<1$일 때, $f(x)<g(x)$

② 밑수 통일이 안 될 때는 부등식의 양변에 log를 취하여 해결합니다.

③ 지수에 log가 있고 지수와 밑수에 같은 문자가 있을 경우는 양변에 log를 취합니다.

다음 부등식을 풀어봅시다.

(1) $\dfrac{1}{4} < \left(\dfrac{1}{8}\right)^{x} \leqq 32$

(2) $\left(\dfrac{2}{3}\right)^{3x+1} > \left(\dfrac{4}{9}\right)^{x-2}$

(1) $\dfrac{1}{4}=\dfrac{1}{2^2}=2^{-2}$, $\left(\dfrac{1}{8}\right)^x=\left(\dfrac{1}{2^3}\right)^x=(2^{-3})^x=2^{-3x}$, $32=2^5$

이므로 $2^{-2}<2^{-3x}\leqq2^5$, 밑수가 2로 같게 되었죠?

또 1보다 큰 밑수이므로 지수의 부등호 방향은 원래

방향 그대로입니다.

$$-2<-3x\leqq5 \qquad \therefore -\dfrac{5}{3}\leqq x<\dfrac{2}{3}$$

(2) $\dfrac{4}{9}=\left(\dfrac{2}{3}\right)^2$ 이므로 $\left(\dfrac{4}{9}\right)^{x-2}=\left(\dfrac{2}{3}\right)^{2(x-2)}$ 로 변형

$$\left(\dfrac{2}{3}\right)^{3x+1}>\left(\dfrac{2}{3}\right)^{2(x-2)}$$

밑수가 1보다 작은 양수이므로 지수의 부등호 방향이

바뀝니다.

$$3x+1<2(x-2) \qquad \therefore x<-5$$

부등식 $2^{2x}-3\times2^{x+2}+32<0$을 풀어봅시다.

$(2^x)^2 - 3 \times 2^x \times 2^2 + 32 < 0.$ $2^x = t$로 치환합니다. (단, $t > 0$)

$t^2 - 12t + 32 < 0,$ $(t-4)(t-8) < 0$, 해를 구하면 $4 < t < 8$

(2차부등식의 해법참고)

$2^2 < 2^x < 2^3$, 밑수가 1보다 큰 2이므로 지수의 부등호 방향은 그대로 입니다.

$\therefore 2 < x < 3$

수능기출 | 03

방정식 $4^x - 7 \cdot 2^x + 12 = 0$의 두 근을 α, β라 할 때, $2^{2\alpha} + 2^{2\beta}$의 값을 구하세요.

이 문제에서의 두 근은 결국 x값을 말하는 거죠.

즉, $x=\alpha, \beta$ $4^x=2^{2x}=(2^x)^2$이고, $2^x=t$로 치환하면,

주어진 식은 $t^2-7t+12=0$이 되죠.

t로 치환된 이 방정식의 근은 이 식을 만족하는 t값을 의미

하므로 두 근은 $t=2^\alpha, 2^\beta$가 됩니다.

2차방정식의 두 근의 합과 곱의 공식! 기억나요?

※참고 : 2차방정식 $ax^2+bx^2+c=0$의 두 근을 α, β라 할 때,

$$\alpha+\beta=-\frac{b}{a}, \ \alpha\beta=\frac{c}{a}$$

두근의 합 : $2^\alpha+2^\beta=7$

두근의 곱 : $2^\alpha \cdot 2^\beta=12$

$$2^{2\alpha}+2^{2\beta}=(2^\alpha)^2+(2^\beta)^2$$

$$=(2^\alpha+2^\beta)^2-2\cdot 2^\alpha \cdot 2^\beta=7^2-2\times 12=25$$

정답 : **25**

로그와 그 함수의 세계로

　　우리 친구들이 고등학교에 들어와서 처음 접하는 수학적 용어가 무엇일까요? 그게 바로 '로그' 라는 생소한 용어일 것입니다.

　　다른 내용들은 중학교 때도 익히 들어보았던 내용들입니다. 방정식, 함수, 삼각함수, 통계 등. 그러나 '로그' 라는 용어는 처음 들어보는 것이죠. 로그는 영국의 수학자 '네이피아(1550~1617)' 에 의해 처음으로 사용하게 되었어요. 오늘날 우리가 사용하고 있는 로그를 수학적 학문으로 기초를 확립시킨 인물은 수학자 '오일러' 입니다. 이제 우리는 수학에 '왜 로그라는 것이 사용되어야 했을까' 하는 의문을 풀어보고 그 중요성을 확인해보도록 하죠.

로그가 무엇일까?

로그는 어떻게 정의될까?

예를 들면 $2^3=8$에서 지수 3을 2와 8의 관계로 표현하는 수단으로 쓰는 기호가 **log**입니다.

원어는 *logarithm*. $2^3=8 \leftrightarrow 3=\log_2 8$로 표현합니다.

$3^x=27$에서 x를 표현할 때 $x=\log_3 27$, 물론 $x=3$이 되겠죠.

그런데 $3^x=5$인 x는 무엇일까요? $3^1<5<3^2$가 되므로 $1<x<2$가 됩니다.

이때 $3^x=5 \leftrightarrow x=\log_3 5$, 그러므로 $\log_3 5=1.\times\times\times$라고 추측할 수 있겠죠?

이제 일반화해봅시다!

$a^y=x$일 때, $y=\log_a x$로 표현하며 a를 밑수, x를 진수라 합니다.

여기서 밑수와 진수에는 제한이 있다는 걸 기억해야 합니다.

밑수는 $a\neq1$, $a>0$로 제한을 둔다는 것. 이런 제한을 둔 상태에서 y가 어떤 실수 값을 갖더라도 항상 $x>0$가 됩니다.

그래서 진수 x는 항상 양수가 됩니다. 명심합시다!

$a^y = x$에서 지수 y에 관해 정리한 식 $y = \log_a x$를

'y는 a를 밑수로 하는 x의 로그'라 하며 a를 '밑수',

x를 '진수'라 부릅니다.

$$a^y = x \iff y = \log_a x \ (\text{단}, \ a \neq 1, \ a > 0, \ x > 0)$$

확인예제 | 01

$\log_{x-1}(-x^2 + 2x + 3)$가 정의되기 위한 실수 x의 범위를 구해 봅시다.

예제풀이 01

로그가 정의되려면 밑수, 진수 조건을 만족해야 합니다.

밑수 조건이 무엇이라 했죠? 1 아닌 양수!

$$x - 1 \neq 1, \ x - 1 > 0 \ \text{즉} \ x \neq 2, \ x > 1 \qquad \cdots \text{①}$$

또, 진수는 양수가 돼야 하거든요. 그래서

$-x^2 + 2x + 3 > 0$. 양변에 -1을 곱하면 $x^2 - 2x - 3 < 0$,

$$(x+1)(x-3) < 0, \ -1 < x < 3 \qquad \cdots \text{②}$$

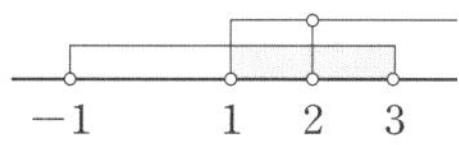

위에서 확인할 수 있듯이 ①, ②의 공통범위는

$1 < x < 2$ 또는 $2 < x < 3$

로그의 공식은 어떻게 만들어졌을까?

로그 공식 (1)

$x > 0, y > 0, a \neq 1, a > 0$ 일 때

① $\log_a 1 = 0$ ② $\log_a a = 1$

③ $\log_a xy = \log_a x + \log_a y$

④ $\log_a \dfrac{x}{y} = \log_a x - \log_a y$

⑤ $\log_a x^n = n \log_a x$

⑥ $\log_a b = \dfrac{1}{\log_b a} = \dfrac{\log_c b}{\log_c a}$

$(단, b \neq 1, b > 0, c \neq 1, c > 0)$

이제 log의 공식을 우리가 직접 유도해봅시다.

한 가지 핵심만 알면 가능합니다.

바로 이 관계입니다. $a^y=x \iff y=\log_a x$

i) $a^0=1$에서 $0=\log_a 1$ ← ①번 공식

ii) $a^1=a$에서 $1=\log_a a$ ← ②번 공식

iii) $\log_a x=m$, $\log_a y=n$라 두면, $x=a^m$, $y=a^n$이 되죠?

$xy=a^m \times a^n=a^{m+n}$, 여기서 $a^y=x \iff y=\log_a x$의 관계를 적용해봅시다.

$m+n=\log_a xy$ $\therefore \log_a xy=\log_a x+\log_a y$ ← ③번 공식

또 $\dfrac{x}{y}=\dfrac{a^m}{a^n}=a^{m-n}$에서도 $m-n=\log_a \dfrac{x}{y}$의 관계식이 만들어지겠죠?

$\therefore \log_a \dfrac{x}{y}=\log_a x-\log_a y$ ← ④번 공식

iv) $\log_a x=k$라 두면 $x=a^k$, 양변에 n제곱을 하면

$x^n=(a^k)^n=a^{nk}$

지수 nk는 어떻게 표현할까요?

$nk=\log_a x^n \Rightarrow \log_a x^n=n\log_a x$ ← ⑤번 공식

v) $\log_a b=m$라 두면 $a^m=b$, 양변에 밑수가 b인 log를 취해봅시다.

$\log_b a^m=\log_b b$ ②번 공식에 의해서 $\log_b b=1$

⑤번 공식에 의해서 $\log_b a^m=m\log_b a$

그래서 $\log_b a^m=\log_b b \Rightarrow m\log_b a=1$

$$m = \frac{1}{\log_b a} \qquad \therefore \log_a b = \frac{1}{\log_b a} \quad \text{←⑥번 공식}$$

또 $a^m = b$의 양변에 밑수 c인 log를 취해봅시다.

$\log_c a^m = \log_c b$에서 ⑤번 공식에 의해서

$$m \log_c a = \log_c b. \ m = \frac{\log_c b}{\log_c a}, \qquad \therefore \log_a b = \frac{\log_c b}{\log_c a}$$

⑥번 공식

공식들이 만들어진 과정을 확인했죠? 이젠 외워야죠! 기왕 외우는 거 확실히 외워봅시다.

다음을 만족하는 x값을 구해봅시다.

(1) $\log_3 x = 4$ (2) $\log_x 8 = 2$

(3) $\log_x 2\sqrt{2} = \dfrac{3}{10}$ (4) $\log_2 (\log_3 x) = 1$

$y = \log_a x \iff a^y = x$의 관계를 이용합시다!

(1) $\log_3 x = 4$에서 $x = 3^4 = \mathbf{81}$

(2) $x^2 = 8, \ x > 0$이므로 $x = \sqrt{8} = \mathbf{2\sqrt{2}}$

(3) $x^{\frac{3}{10}}=2\sqrt{2}=2^1 \cdot 2^{\frac{1}{2}}=2^{1+\frac{1}{2}}=2^{\frac{3}{2}}$, 등식의 양변을

$\dfrac{10}{3}$ 제곱하면 x를 구할 수 있습니다.

$$\left(x^{\frac{3}{10}}\right)^{\frac{10}{3}}=\left(2^{\frac{3}{2}}\right)^{\frac{10}{3}}, \quad x^{\frac{3}{10}\times\frac{10}{3}}=2^{\frac{3}{2}\times\frac{10}{3}}, \quad x=2^5=\mathbf{32}$$

(4) $\log_3 x=2$, $x=3^2=\mathbf{9}$가 되겠죠.

$\log_{10} 2=a$, $\log_{10} 3=b$라 할 때, 다음을 a, b로 나타내봅시다.

(1) $\log_{10} 5$ (2) $\log_{10} 0.72$ (3) $\log_{10} 600$

(1) $\log_{10} 5=\log_{10} \dfrac{10}{2}=\log_{10} 10-\log_{10} 2$

$\llcorner$ 공식 $\log_a \dfrac{x}{y}=\log_a x-\log_a y$ 적용!

$$=1-\log_{10} 2=\mathbf{1-a}$$

(2) $\log_{10} 0.72=\log_{10} \dfrac{72}{100}=\log_{10} \dfrac{2^3 \times 3^2}{10^2}$

$\llcorner$ 공식 $\log_a xy=\log_a x+\log_a y$, $\log_a \dfrac{x}{y}=\log_a x-\log_a y$ 적용!

$$=\log_{10} 2^3 + \log_{10} 3^2 - \log_{10} 10^2$$

$$=3\log_{10} 2 + 2\log_{10} 3 - 2 = \mathbf{3a + 2b - 2}$$

$$(3)\ \log_{10} 600 = \log_{10}(2 \times 3 \times 10^2)$$

$$=\log_{10} 2 + \log_{10} 3 + \log_{10} 10^2 = \mathbf{a + b + 2}$$

실전문제 | 01

$a^2 b^3 = 1$ (단, $a \neq 1,\, a > 0,\, b > 0$)일 때, $\log_a a^3 b^4$의 값을 구해봅시다.

실전풀이 01

이때는 주어진 조건 $a^2 b^3 = 1$과 문제를 연관지어봐야겠죠?
그래서 $a^2 b^3 = 1$의 양변에 log를 취해야 하죠. 물론 밑수는
문제의 밑수와 같은 a로
$\log_a(a^2 b^3) = \log_a 1$, 변형하면 $\log_a a^2 + \log_a b^3 = 0$,
$2\log_a a + 3\log_a b = 0$,

$$2+3\log_a b=0 \quad \therefore \log_a b=-\frac{2}{3}$$

$$\log_a a^3 b^4=\log_a a^3+\log_a b^4=3\log_a a+4\log_a b$$

$$=3+4\times\left(-\frac{2}{3}\right)=\frac{1}{3}$$

별난 로그 공식들

이제 좀 특수한 공식들을 좀 소개해볼까요? 알아두면 정말 비타민과 같이 수학의 영양이 공급되는 걸 느낄 겁니다.

로그 공식 (2)

① $a^{\log_b c}=c^{\log_b a}$, $a^{\log_a b}=b$

② $\log_{a^m} b^n=\dfrac{n}{m}\log_a b$

③ $\log_a b \cdot \log_b c \cdot \log_c d=\log_a d$,

$\log_a b \cdot \log_b c \cdot \log_c a=\log_a a=1$

① $a^{\log_b c}=c^{\log_b a}$의 관계가 왜 성립할까요?

$a^{\log_b c}$, $c^{\log_b a}$의 각각에 밑수가 b인 $\log$를 취해봅시다.

$$\log_b a^{\log_b c}=\log_b c \cdot \log_b a \ \cdots \ \unicode{x1D7E}$$

또 $\log_b c^{\log_b a}=\log_b a \cdot \log_b c \cdots$ ㉡ 가 되죠.

물론 공식 $\log_a x^n=n\log_a x$이 적용됐고요

㉠, ㉡의 결과가 같죠? 그렇다면 log를 취하기 전에도 같단 뜻이죠.

그래서 $a^{\log_b c}=c^{\log_b a}$이 성립합니다.

이 공식은 밑수 a와 진수 c를 서로 바꾸어도 값이 변하지 않는단 말입니다.

 그러니 $a^{\log_a b}=b^{\log_a a}=b^1=b$가 되는 겁니다.

 예를 들면 $3^{\log_5 2}=2^{\log_5 3}$, $2^{\log_2 5}=5^{\log_2 2}=5$

② 공식 $\log_{a^m} b^n=\dfrac{n}{m}\log_a b$은 왜 성립할까요?

$\log_{a^m} b^n=k$라 두면, $b^n=(a^m)^k=a^{mk} \cdots$ ㉠

↳ 공식 '$a^y=x \iff y=\log_a x$' 의 관계를 이용!

㉠의 양변에 밑수 a를 갖는 log를 취해봅시다.

$\log_a b^n=\log_a a^{mk}$, $n\log_a b=mk\log_a a=mk$

$\therefore k=\dfrac{n}{m}\log_a b$

$\therefore \log_{a^m} b^n=\dfrac{n}{m}\log_a b$가 성립하죠.

예를 들면 $\log_8 81=\log_{2^3} 3^4=\dfrac{4}{3}\log_2 3$

③ $\log_a b \cdot \log_b c \cdot \log_c d = \log_a d$의 증명은

공식 $\log_a b = \dfrac{\log_c b}{\log_c a}$을 이용

$$\boldsymbol{\log_a b \cdot \log_b c \cdot \log_c d}$$

$$= \frac{\log_{10} b}{\log_{10} a} \times \frac{\log_{10} c}{\log_{10} b} \times \frac{\log_{10} d}{\log_{10} c} = \frac{\log_{10} d}{\log_{10} a} = \boldsymbol{\log_a d}$$가 만

들어집니다.

예를 들면

$$\log_2 3 \cdot \log_3 5 \cdot \log_5 16 = \log_2 16 = \log_2 2^4 = 4\log_2 2 = 4$$

(1) $(\log_9 2 + \log_3 4)(\log_2 3 + \log_4 9)$의 값을 구해봅시다.

(2) $5^{\log_5 6 \cdot \log_6 7 \cdot \log_7 3}$의 값을 구해봅시다.

(1) $\log_9 2 + \log_3 4 = \log_{3^2} 2^1 + \log_3 2^2 = \dfrac{1}{2}\log_3 2 + 2\log_3 2$

$$= \left(\dfrac{1}{2} + 2\right)\log_3 2 = \dfrac{5}{2}\log_3 2,$$

$$\log_2 3 + \log_4 9 = \log_2 3 + \log_{2^2} 3^2 = \log_2 3 + \frac{2}{2}\log_2 3$$

$$= 2\log_2 3$$

$$(\text{주어진 식}) = \left(\frac{5}{2}\log_3 2\right) \times (2\log_2 3)$$

$$= \left(\frac{5}{2} \times 2\right)(\log_3 2)(\log_2 3) = \mathbf{5}$$

↳ 공식 $\log_3 2$와 $\log_2 3$은 역수관계!

(2) 공식 $\log_a b \cdot \log_b c \cdot \log_c d = \log_a d$을 적용합시다.

$$\log_5 6 \cdot \log_6 7 \cdot \log_7 3 = \log_5 3$$

$a^{\log_a b} = b$을 적용하면 $(\text{주어진 식}) = 5^{\log_5 3} = \mathbf{3}$이 됩니다.

$a = \log_2 10,\ b = 2\sqrt{2}$ 일 때, $a\log b$의 값을 구하세요.

① 1   ② $\dfrac{3}{2}$ ③ 2   ④ $\dfrac{5}{2}$ ⑤ 3

$$2\sqrt{2} = 2^1 \cdot 2^{\frac{1}{2}} = 2^{1+\frac{1}{2}} = 2^{\frac{3}{2}} \text{ 임을 이용!}$$

$$a\log b = \log_2 10 \log 2\sqrt{2} = \log_2 10 \cdot \log_{10} 2^{\frac{3}{2}}$$

$$= \log_2 10 \cdot \frac{3}{2}\log_{10} 2 = \frac{3}{2}\log_2 10 \cdot \log_{10} 2 = \frac{3}{2} \qquad \textbf{정답 : ②}$$

상상할 수 없는 큰 수와 작은 수!

상용로그는 아주 큰 수의 자릿수를 이해하는 데 아주 중요한 역할을 합니다.

천문학을 다룰 때는 작은 수치들은 무시하고 자리의 단위수만 필요할 때가 있습니다. 이럴 땐 상용로그의 지표를 이용하면 쉽게 문제를 해결할 수 있습니다. 그래서 로그는 천문학과 같은 상상할 수 없을 정도의 먼 거리를 관찰한다든지 소수점 이하 수천 자릿수의 자리의 단위를 알아볼 때 꼭 필요한 도구입니다.

2^{100}는 도대체 몇 자릿수가 될까요? 얼핏 생각하면 1시간 정도만 시간을 주면 계산할 것 같은 느낌이 오죠? 실수하지 않고 정확히 계산한다는 조건을 붙이면, 아마 계산이 불가능할 겁니다.

우리가 공부한 상용로그를 이용해보면 31자리가 되지요! 자, 이제 자릿수를 세어봅시다.

일,십,백,천,만,십만,백만,천만,일억,십억,백억,천억,일조,십조,백조,천조,일경,십경,백경,천경 … 그 다음은 뭔지 몰라서 셀 수 없죠? 이제 겨우 20자리밖에 세지 않았는데 말이죠.

거듭해서 곱한다는 것은 무서운 결과가 나옵니다. 함부로 내기를 하더라도 곱셈이 연관된 내기는 섣불리 안하는 게 좋아요. 집안 살림이 거덜날 수도 있거든요.

상용로그의 성질!

이제 상용로그에 대해서 공부해봅시다. 상용(常用)이 무슨 뜻일까요? 자주 쓴다는 뜻이죠.

자기 형제나 자녀를 부를 때 성은 부르지 않지요? 그와 마찬가지로 log의 밑이 10인 로그를 '상용로그'라고 하는데 이 로그를 상용하기 때문에 보통 생략하고 씁니다.

$\log_{10} x = \log x$로 쓴단 말씀! 그런데 만일 $\log x = 3.24$라 할 때 로그값 중 정수부분 3을 **지표**라 하고 소수부분 0.24를 **가수**라 합니다.

그래서 $\log x = n + \alpha$ (단, n : 정수, $0 \leq \alpha < 1$)로 표현되었을 때 n을 지표, α를 가수라고 하죠.

$\log x = 3$이라면 지표는 3, 가수는 0이 됩니다.

또 $\log x = -3.4$일 때는 지표와 가수가 무엇일까요?

지표? -3, 가수? 0.4, 맞을까요? 땡! 틀렸습니다.

$\log x = -3.4 = -3 - 0.4$이기 때문에 지표가 -3이라면 가수가 -0.4가 된다는 뜻이잖아요. 가수의 자격이 $0 \leq \alpha < 1$이니까요. 가수는 0 또는 양의 소수가 될 수 있다는 걸 명심하세요. 그렇다면 $\log x = -3.4 = -3 - 0.4 = -4 + (1 - 0.4) = -4 + 0.6$으로 바꿀 수 있죠?

그래서 지표는 -4, 가수는 0.6이 됩니다.

그런데 상용로그 값이 음수일 때 지표와 가수를 표기하기 위해 사용되는 기호가 있습니다.

예를 들어보죠. $-4=\overline{4}$, $-4+0.6=\overline{4}.6$으로 쓴다는 사실!
분명히 알아둬야 합니다.

$$-4.6 \neq \overline{4}.6$$

즉, $-4.6=-4-0.6$이고 $\overline{4}.6=-4+0.6$이라는 것이죠.

지표의 성질

이제 지표의 성질을 좀 알아보죠. 먼저 이 연습부터 시작합시다!

$$\log 10 = \log_{10} 10 = 1, \quad \log 100 = \log_{10} 10^2 = 2,$$

$$\log 1000 = \log_{10} 10^3 = 3, \cdots$$

$$\log 0.1 = \log_{10} \frac{1}{10} = \log_{10} 10^{-1} = -1, \quad \log 0.01 = \log_{10} \frac{1}{100}$$

$$= \log_{10} 10^{-2} = -2, \cdots$$

(1) $1 \leq x < 10$일 때, $\log 1 \leq \log x < \log 10$, $0 \leq \log x < 1$,

즉 $\log x = 0.\times\times\times$ (지표는 0)

진수 x의 정수부분이 몇 자리일까? $1 \leq x < 10$ 범위의 수를 예로 들어보면,

3.45, 8.54 등과 같이 정수부분이 한(1)자리가 되죠?

그런데 $\log x$의 지표는 0, 정수부분의 자릿수보다 1 작은

수(0)가 지표가 되죠!

예를 들면 $\log 3.45 = 0.\times\times\times$, $\log 8.54 = 0.\times\times\times$

$10 \leq x < 100$일 때, $\log 10 \leq \log x < \log 100$, $1 \leq \log x < 2$,

즉 $\log x = 1.\times\times\times$ (지표는 1)

진수 x의 정수부분이 몇 자리일까요? $10 \leq x < 100$ 범위의 수를 예로 들어보면,

34.5, 85.4 등과 같이 정수부분이 두(2) 자리가 되죠?

그런데 $\log x$의 지표는 1, 정수부분의 자릿수(2)보다 1 작은 수(1)가 지표가 되죠!

예를 들면 $\log 34.5 = 1.\times\times\times$, $\log 85.4 = 1.\times\times\times$

$100 \leq x < 1000$일 때, $\log 100 \leq \log x < \log 1000$

$2 \leq \log x < 3$

즉, $\log x = 2.\times\times\times$ (지표는 2)

진수 x의 정수부분이 몇 자리일까요? $100 \leq x < 1000$ 범위의 수를 예로 들어보면,

456.78, 987.65 등과 같이 정수부분이 세(3) 자리가 되죠?

$\log x$의 지표가 2, 정수부분의 자릿수(3)보다 1 작은 수(2)가 지표가 됩니다.

예를 들면 $\log 456.78 = 2.\times\times\times$, $\log 978.65 = 2.\times\times\times$

(2) $0.1 < x < 1$일 때, $\log 0.1 < \log x < \log 1$, $-1 < \log x < 0$

즉, $\log x = -0.\times\times\times = \overline{1}.\times\times\times$

그런데 $x = 0.1$일 때, $\log 0.1 = -1 = \overline{1}$가 되므로

$0.1 \leq x < 1$, $\log x = \overline{1}.\times\times\times$

진수 x가 소수점 이하 몇 번째 자리에서 0 아닌 수가 처음 나타날까요?

이 범위의 수를 예로 들어봅시다. 0.15, 0.34 등, 소수 첫 (1) 자리에서 0 아닌 수가 처음으로 나타나죠? 그런데 지표가 -1입니다.

예를 들면 $\log 0.15 = \overline{1}.\times\times\times$, $\log 0.34 = \overline{1}.\times\times\times$

$0.01 < x < 0.1$일 때, $\log 0.01 < \log x < \log 0.1$

$-2 < \log x < -1$

즉, $\log x = -1.\times\times\times = \overline{2}.\times\times\times$

그런데 $x = 0.01$일 때, $\log 0.01 = -2 = \overline{2}$가 되므로

$0.01 \leq x < 0.1$일 때, $\log x = \overline{2}.\times\times\times$

진수 x가 소수점 이하 몇 번째 자리에서 0 아닌 수가 처음 나타날까요?

이 범위의 수를 예를 들어봅시다. 0.015, 0.034 등, 소수 두 번째(2) 자리에서 0 아닌 수가 처음으로 나타나죠? 그런데 지표가 -2입니다.

예를 들면 $\log 0.015 = \overline{2}.\times\times\times$, $\log 0.034 = \overline{2}.\times\times\times$

이제 헷갈리지 말아야 할 중요한 부분을 소개합니다. 이걸 명심하지 않으면 상용로그는 정말 알쏭달쏭해집니다.

① $\log 78.35$의 지표가 무엇일까요?
② $\log x = 78.35$의 지표가 무엇일까요?

이 두 가지 구별이 안 되면 상용로그는 끝까지 혼란을 일으키죠.

①을 물으면 대답이 다양하게 나옵니다. 어떤 친구는 78이라 하고 또 어떤 학생은 77이라 하고 극소수의 친구는 1이라고 말합니다. 무엇이 맞을까요? 답은 1입니다.

진수 78.35는 정수부분(78)이 78자리가 아닌 두(2)자리이죠? 이 자릿수(2)에서 1을 뺀 것이 지표라 했죠? 그러니 1이 되는 겁니다. 즉 $\log 78.35 = 1.\times\times\times$ 라는 겁니다.

②의 답은 당연히 78이죠. 즉, 진수 x의 정수부분의 자릿수가 79자리라는 뜻입니다. 79자릿수가 얼마나 큰 수인지 상상이 가나요? 9자리만 돼도 억입니다. 그런데 79자릿수? 상상도 못할 끔찍한(?) 수라고 할 수 있죠.

가수의 성질

$\log 1.425 = 0.1538$일 때

$$\log 14.25 = \log\,(10 \times 1.425) = \log 10 + \log 1.425$$
$$= 1 + 0.1538 = 1.1538$$
$$\log 142.5 = \log\,(10^2 \times 1.425) = \log 10^2 + \log 1.425$$
$$= 2 + 0.1538 = 2.1538$$
$$\log 0.1425 = \log\,(\frac{1}{10} \times 1.425) = \log 10^{-1} + \log 1.425$$
$$= -1 + 0.1538 = \overline{1}.1538$$
$$\log 0.0001425 = \log\,(10^{-4} \times 1.425) = \log 10^{-4} + \log 1.425$$
$$= -4 + 0.1538$$
$$= \overline{4}.1538$$

위의 결과에서 얻을 수 있는 결론!

진수들의 숫자의 배열에 먼저 주목합시다.

모두 …00000142500000… 이런 배열이죠?

그런데 소수점의 위치만 바뀌었죠? 즉 1.425, 14.25, 142.5, 0.1425, 0.0001425로요.

또 하나! 이 수들의 상용로그의 가수는 모두 같습니다.

모두 0.1538이죠?

여러분, 진수의 숫자의 배열은 같고 소수점의 위치만 다르면 이 수의 상용로그의 가수는 모두 같다는 사실, 꼭 기억해둡시다.

$\log_{10} x = \log x = n + \alpha$　$(0 \leq \alpha < 1,\ n : \text{정수})$일 때, n을 지표, α를 가수라 합니다.

① 지표의 성질

i) 진수의 정수부분이 n자릿수이면 $\log x$의 지표는 $n-1$이 됩니다.

즉, $\log x = (n-1). \times\times\times$　(단, n은 자연수)

$$\log \underbrace{\square\square\square \cdots \square}_{n\text{자리}} . \times\times = (n-1). \times\times$$

ii) 진수가 소수로 구성될 때, 소수점 이하 n번째 자리에서 0 아닌 수가 처음으로 나타날 때 $\log x$의 지표는 $-n$입니다.

즉, $\log x = \bar{n}. \times\times\times$

$$\log 0.00 \underbrace{\cdots\ 0\square\square}_{n\text{번 째}} \cdots = \bar{n}. \times\times\times$$

② 가수의 성질

$\log x$의 진수 x의 숫자 배열은 같고 소수점의 위치가 다른 $\log x$의 가수는 모두 같습니다.

$\log 2 = 0.3010$, $\log 3 = 0.4771$임을 이용하여 다음을 구해봅시다.

(1) 6^{100}은 몇 자리 정수일까요?

(2) $\left(\dfrac{1}{2}\right)^{100}$은 소수점 이하 몇 번째 자리에서 처음으로 0 아닌 수가 나타날까요?

(1) '자릿수' 하면 상용로그의 '지표' 를 생각합시다.

지표는 그냥 나옵니까? $\log$를 붙여야 나오죠?

$\log 6^{100} = 100 \log 6 = 100 \log (2 \times 3)$

$= 100(\log 2 + \log 3) = 100 \times (0.3010 + 0.4771) = 77.81$

이 상용로그의 지표가 뭐죠? 또 1이라고 답하는 친구는 없겠죠? 77이 지표입니다. 헷갈린다면 앞으로 다시 돌아가서 개념을 정리합시다.

그럼 자릿수는 $(지표) + 1 = 77 + 1 = \mathbf{78}$ 자리

(2) 이 문제 역시 상용로그의 지표에 관한 것이에요.

$\log \left(\dfrac{1}{2}\right)^{100} = \log (2^{-1})^{100} = -100 \log 2$

$$=-100\times0.3010=-30.10=-30+(-0.10)$$

$$=-31+(1-0.10)=-31+0.90=\overline{31}.90$$

지표가 얼마죠? -31이지요. 그렇다면 $\left(\dfrac{1}{2}\right)^{100}$은 소수점

이하 **31번째** 자리에서 0 아닌 수가 처음 나옵니다.

Tip Box 상용로그의 범위

$\log x=n+\alpha\ \ (0\leq\alpha<1)$이면 $n\leq\log x<n+1$

즉 (지표)$\leq\log x<$ (지표)$+1$

왜 이런 범위가 나오는지 궁금합니까?

$0\leq\alpha<1$의 양변에 n을 더해보면 $n\leq n+\alpha<n+1$.

$\log x=n+\alpha$이므로 $\boldsymbol{n\leq\log x<n+1}$의 범위를 갖게 되죠.

양의 정수 x에 대하여 x^{10}이 30자릿수일 때 x^{30}은 몇 자리 수가

될까요?

자릿수? 지표! 이 공식을 생각해야 합니다. 로그를 붙여야 지표가 나오고 지표를 구해야 자릿수를 구할 수 있습니다. $\log x^{10}$의 지표는 무얼까요? x^{10}이 30자리 정수니까 1을 뺀 29가 지표죠! $\log x^{10} = 29.\times\times$라는 뜻입니다.

$$29 \leq \log x^{10} < 30,\ 29 \leq 10 \log x < 30 \qquad \cdots ①$$

x^{30}의 자릿수는 어떻게 찾죠? 자릿수하면 지표!

$$(지표) + 1 = (자릿수)$$

이런 관계를 항상 염두에 둬야 합니다. 지표가 필요해요? $\log$를 붙여야지요. $\log x^{30} = 30 \log x$

이제 이 범위를 구해야죠. ①식의 양변에 3만 곱해주면 되겠죠?

$$29 \times 3 \leq 30 \log x < 30 \times 3,\ 87 \leq \log x^{30} < 90.$$

$\log x^{30} = 87.\times\times$, $88.\times\times$, $89.\times\times$의 3가지의 경우가 나올 수 있습니다. 그렇다면 $\log x^{30}$의 지표는 87, 88, 89 모두 될 수 있습니다. 여기에 1만 더해주면 자릿수가 됩니다. 즉 x^{30}은 **88 89, 90**자리의 수가 되지요.

$\log A$의 지표와 가수가 2차방정식 $2x^2+5x+k=0$의 두 근일 때 상수 k의 값을 구해봅시다.

앞에서 공부했던 것! $ax^2+bx+c=0$의 두 근을 α, β라 할 때, $\alpha+\beta=-\dfrac{b}{a}$, $\alpha\beta=\dfrac{c}{a}$인 것을 기억하고 있죠?

$\log A$의 지표와 가수를 n, α (단, $0\leq\alpha<1$)라 두면 n과 α가 두 근이 됩니다.

위의 근과 계수와의 관계의 공식을 이용합시다.

$$n+\alpha=-\frac{5}{2} \cdots \text{①}, \; n\alpha=\frac{k}{2} \cdots \text{②},$$

①에서 $n+\alpha=-\dfrac{5}{2}=-2-\dfrac{1}{2}=-3+\dfrac{1}{2}$

지표는 정수이며 가수는 $0\leq\alpha<1$의 범위의 수이므로

$$n=-3, \; \alpha=\frac{1}{2}$$

②에서 $k=2n\alpha=2\times(-3)\times\dfrac{1}{2}=\mathbf{-3}$이 됩니다.

'불가사의'가 수의 단위로 사용된다?

우리는 흔히 '일/십/백/···/조/···/경/···' 이렇게 세지만 더 이상 진척이 없습니다.

그런데 해결할 수 없는 일을 만날 때 흔히 언어적인 표현으로 '불가사의(不可思議)'란 말을 쓰는데 이 말은 수학적인 의미로 10을 64번 곱한 수의 단위의 수를 나타냅니다.

또 인터넷 검색 엔진 구글*google*의 경우는 천문학에서나 쓰는 10을 100번 곱한 수의 단위로 쓰인다고 합니다. 검색 엔진의 명칭으로 사용된 것은 그만큼 정보가 방대하다는 뜻을 표현하려는 의도일 겁니다.

이와는 반대로 아주 애매하고 분명치 못하다는 말로 '모호'라는 말을 씁니다.

이는 소수점 이하 12개의 연속된 0이 있고 그 다음에 1이 있는 수, 바로 0.0000000000001을 나타내는 단위입니다. 또 '청정(淸淨)'은 소수점 이하 20개의 0이 있고 비로소 그 다음에 1이 오는 수를 나타냅니다. 인간 사회에서의 다양성은 아무리 큰 수나 작은 수를 표현하는 명칭이 주어졌다 해도 거기서 멈추지 않고 더 나아가고자 하는 욕구가 있기 때문에 얼마가지 않아 더 새로운 용어의 수들이 만들어질 겁니다.

● ≪수학비타민(박경미)≫의 내용을 일부 참고했습니다.

로그함수는 어떤 함수일까?

$y=log_a x$와 같이 로그를 x, y의 등식관계로 나타낸 것을 **로그함수**라 합니다. 모든 함수는 그래프가 중요합니다. 먼저 그래프를 기억해두는 게 모든 문제해결에 도움이 되지요. 그런데 로그함수는 지수함수와 서로 역함수의 관계에 있습니다. 역함수를 구하려면 방법을 알아야 합니다. 그 방법을 소개하겠습니다.

핵심포인트　**역함수 해법**

$y=f(x)$의 역함수를 구하는 순서!

i) $x=g(y)$꼴로 고칩니다.

ii) x, y를 서로 바꿉니다. 즉, $y=g(x)$ 이 식이 구하는 역함수

- $y=f(x)$와 $y=g(x)$의 그래프는 $y=x$에 대칭됩니다.

$y=a^x$ (단, $a\neq1, a>0$)의 역함수를 구해봅시다.

먼저 x에 관해 정돈! 로그의 정의를 기억해봅시다. $x=\log_a y$로 되겠죠?

이제 x, y를 서로 바꾸면 역함수가 됩니다. $y=\log_a x$

그러니까 $y=a^x$와 $y=\log_a x$의 그래프는 $y=x$에 대칭되겠죠?

지수함수와 로그함수는 역함수 관계인 것이 확인됐으니까 지수함수의 그래프로 로그함수의 그래프를 유추할 수 있습니다. 지수함수의 그래프를 $y=x$에 관해 대칭이동하면 되겠죠.

(1) $a>1$일 때

(2) $0<a<1$일 때

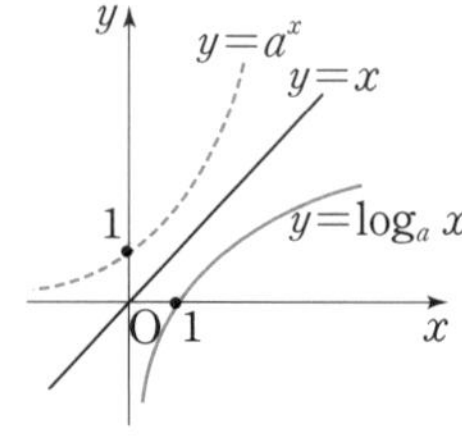

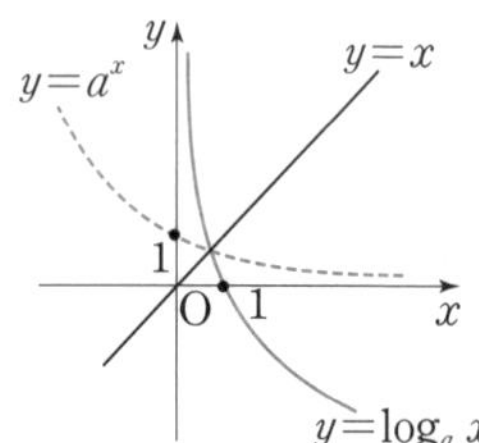

그림을 보면 무엇을 알 수 있습니까? 밑수가 1보다 크면 x값이 커질 때, y값도 커지는 함수 즉 증가함수가 되고, 밑수가 1보다 작은 양수이면 x값이 커질 때 오히려 y값이 작아지는 함수 즉 감소함수임을 확인할 수 있겠죠.

$a>1$일 때, $m>n$이면 $\log_a m>\log_a n$

$0<a<1$일 때, $m>n$이면 $\log_a m<\log_a n$

예를 들면 $4<5 \Rightarrow \log_3 4<\log_3 5$, $4<5 \Rightarrow \log_{0.2} 4>\log_{0.2} 5$

 로그함수의 그래프와 성질

로그함수 $y=\log_a x$ $(단, a\neq 1, a>0)$

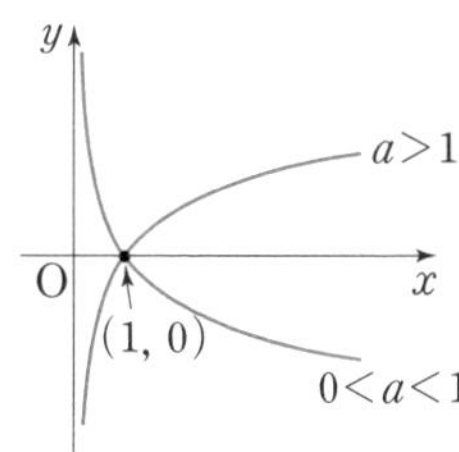

① 정의역 : $\{x\,|\,x>0\}$, 치역 : R

② 정점 $(1, 0)$을 지난다.

③ 점근선 : y축 $(x=0)$

④ $\begin{cases} a>1 : 증가함수 \\ 0<a<1 : 감소함수 \end{cases}$

$1\leqq x\leqq 5$일 때, $\log_2{(2x+6)}$의 최대값, 최소값을 구해봅시다.

로그의 밑수가 1보다 큰 2이므로 증가함수입니다.

진수가 가장 클 때 최대, 가장 작을 때 최소가 되지요.

$x=5$일 때 **최대값** $\log_2 16=\log_2 2^4=\mathbf{4}$

$x=1$일 때 **최소값** $\log_2 8=\log_2 2^3=\mathbf{3}$

$0\leqq x\leqq 2$일 때, $\log_{\frac{1}{2}}(-2x+8)$의 최대값, 최소값을 구해봅시다.

로그의 밑수가 $\dfrac{1}{2}$이므로 감소함수입니다. 진수가 가장 작아야 최대가 된다는 사실과 진수가 가장 커야 최소가 된다는 점을 기억해둡시다.

$x=2$일 때 진수가 최소, $x=0$일 때 진수가 최대가 됩니다.

$x=2$일 때, 최대값 $\log_{\frac{1}{2}}4=\log_{2^{-1}}2^2=\dfrac{2}{-1}\log_2 2=-2$

↳ 공식 $\log_{a^m}b^n=\dfrac{n}{m}\log_a b$ 이용!

$x=0$일 때, 최소값 $\log_{\frac{1}{2}}8=\log_{2^{-1}}2^3=\dfrac{3}{-1}\log_2 2=-3$

$y=\log_{\frac{1}{2}}(x^2-4x+12)$에서 최소값 또는 최대값을 구해봅시다.

진수 $x^2-4x+12$는 최대값, 최소값 중 어느 값을 가질까요?
완전제곱식으로 고쳐봅시다.

$$x^2-4x+12=(x^2-4x+4)+8=(x-2)^2+8$$

2차 함수에서 배웠죠? 2차 계수가 양수니까 최소값만 가질 수 있습니다. 그래프를 생각해봅시다. 아래로 볼록한 포물선! $x=2$일 때 최소값 8을 갖게 됩니다. 그런데 이 문제의 로그의 밑수가 $\dfrac{1}{2}$이니까 감소함수!

진수가 최소값만 가지니 로그함수 값은 최대값만 갖게 됩니다. 그래서 최소값은 가질 수 없습니다. 최대값은 진수가 최소값 8을 가질 때,

즉 $\log_{\frac{1}{2}} 8=\log_{2^{-1}} 2^3=\dfrac{3}{-1}\log_2 2=\mathbf{-3(최대값)}$

핵심포인트   **로그방정식의 해법**

양변의 밑수를 같게 하여 정방정식으로 만듭니다.

$\log_a f(x)=\log_a g(x) \ \Rightarrow \ f(x)=g(x)$에서 근을 구하고, 구한 근 중에서 진수조건, 밑수조건에 맞는 것만 근으로 취합니다.

- $\log_a x$에서 밑수조건 $a\neq1, a>0$, 진수조건 $x>0$

x에 관한 방정식 $\log (x^2+3x-4)=\log (x-1)+1$의 근을 구해봅시다.

변형해보면 $\log (x^2+3x-4)=\log (x-1)+\log 10,$

$\log (x^2+3x-4)=\log 10(x-1)$, 진수끼리 같아야 하므로 $x^2+3x-4=10(x-1)$

정리하면 $x^2-7x+6=0,\ (x-1)(x-6)=0$가 되어

$x=1,\ 6$

구한 x값은 반드시 원식에서 대입해서 진수가 양수가 되는지 확인해야 합니다.

$x=1$은 안 되죠? $\boldsymbol{x=6}$이 답이 됩니다.

x에 관한 방정식 $(\log_2 x)^2-\log_2 x^3-10=0$을 풀어봅시다.

변형해보면 $(\log_2 x)^2 - 3\log_2 x - 10 = 0$, $\log_2 x = t$라 두죠.

$t^2 - 3t - 10 = 0$, $(t+2)(t-5) = 0$　∴ $t = -2,\ 5$

ⅰ) $\log_2 x = -2$, $x = 2^{-2} = \dfrac{1}{2^2} = \dfrac{1}{4}$,

ⅱ) $\log_2 x = 5$, $x = 2^5 = 32$　　　　정답 : $\dfrac{1}{4}$, **32**

 **핵심포인트**　**로그부등식의 해법**

① 진수조건(양수), 밑수조건(1이 아닌 양수)에서 x의 범위를 구합니다.　　　　　… ㉠

② 밑수를 같게 만듭니다. $\log_a f(x) > \log_a g(x)$

ⅰ) $a > 1$일 때, $f(x) > g(x)$　　　　… ㉡

답 : ㉠, ㉡의 공통범위

ⅱ) $0 < a < 1$일 때, $f(x) < g(x)$　　　　… ㉢

답 : ㉠, ㉢의 공통범위

로그부등식을 풀 때 가장 먼저 해야 할 일은? '진수조건' 과 '밑수조건' 에 맞는 범위를 찾는 일입니다. 이 조건이 무엇인지 모른다면 아직 로그가 제대로 안 된 겁니다. 한 번 더 짚고 넘어갑시다. '진수는 양수! 밑수는 1 아닌 양수!' 이 조건에 맞는 x의 범위를 가장 먼저 구해야 된다는 것을 잊지 맙시다.

로그부등식 $\log_2(x-2) < \log_4(6-x) + \log_2\sqrt{2}$을 풀어봅시다.

로그부등식에서 가장 먼저 할 일! 진수, 밑수조건에서 x범위 구하기!

진수 $x-2>0$, $x>2$와 $6-x>0$, $x<6$의 공통범위

$$2<x<6 \qquad\qquad\qquad \cdots ①$$

이제 밑수를 같게 만듭니다.

$$\log_4(x-2)^2 < \log_4(6-x) + \log_4\sqrt{2}^2$$

└ 공식 $\log_a b = \log_{a^n} b^m$을 적용!

$\log_4(x-2)^2 < \log_4 2(6-x)$, 1보다 큰 밑수임으로 부등호 방향은 그대로입니다.

$(x-2)^2<2(6-x)$입니다. 정리하면

$x^2-2x-8<0,\ (x+2)(x-4)<0,$

$\therefore\ -2<x<4$ $\qquad\qquad\qquad\qquad\qquad\cdots\ ②$

①, ②의 공통범위가 해가 됩니다. $\quad \therefore\ \boldsymbol{2<x<4}$

부등식 $\log_{\frac{1}{3}}(4-x)>\log_{\frac{1}{9}}(x-2)$의 해를 구해봅시다.

먼저 진수조건(양수)에서 x범위를 구해야 합니다.

$4-x>0,\ x<4$와 $x-2>0,\ x>2$의 공통범위 $2<x<4\ \cdots$①

그 다음 단계는 밑수를 같게 만드는 거죠.

$\log_a b=\log_{a^m} b^m\ \Rightarrow\ \log_a b=\log_{a^2} b^2$을 이용해서 밑수를

$\dfrac{1}{9}$로 통일합시다.

$\log_{\frac{1}{9}}(4-x)^2>\log_{\frac{1}{9}}(x-2)$, 밑수가 같고 1보다 작은 양

수이므로 진수의 부등호 방향이 바뀝니다.

$(4-x)^2 < x-2$, 정리하면 $x^2 - 9x + 18 < 0$,

$(x-3)(x-6) < 0$

$\therefore 3 < x < 6$ … ②, 이제 ①, ②의 공통되는 범위를 구하면 됩니다.

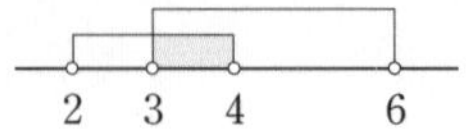

$\therefore 3 < x < 4$

어느 지역에서 1년 동안 발생하는 규모 M이상인 지진의 평균 발생 횟수 N은 다음 식을 만족시킨다고 합니다.

$\log N = a - 0.9M$ (단, a는 양의 상수)

이 지역에서 규모 4이상인 지진이 1년에 평균 64번 발생할 때, 규모 x이상인 지진은 1년에 평균 한 번 발생합니다. $9x$의 값을 구하세요. (단, $\log 2 = 0.3$ 으로 계산)

이 문제는 M과 N의 분명한 의미만 확인한다면, 쉽게 해결

되는 문제죠.

$M=4$일때 $N=64$이고, $M=x$일 때, $N=1$이 되죠.

이제 대입해서 계산하면 됩니다.

$\log64=a-0.9\times4$ 이것을 정리하면, $6\log2=a-3.6\cdots$ ①

$\log1=a-0.9x$ 이것을 정리하면, $0=a-0.9x\cdots$ ②

①식에서 ②식을 빼면, $6\log2=-3.6+0.9x$

이제 양변에 10을 곱하여 정리하면,

$9x=36+60\times\log2$

$=36+60\times0.3=\mathbf{54}$가 됩니다.

정답 : 54

정다면체이야기!

정다면체는 모든 면이 똑같은 정다각형으로 구성되고, 모든 입체각이 모두 같은 다면체를 말합니다. 2,500여 년 전 고대 그리스 사람들은 정다면체가 정확히 다섯 가지만 존재한다는 사실을 이미 알았다고 합니다. 이 다섯 가지는 정사면체, 정육면체, 정팔면체, 정십이면체, 정이십면체랍니다.

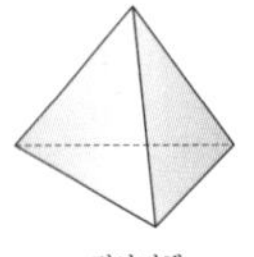

정사면체

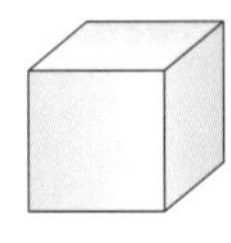

정육면체

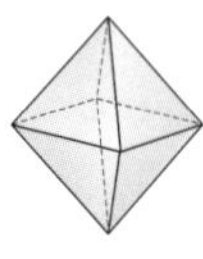

정팔면체

플라톤은 정다면체에 매우 특이한 의미를 부여했습니다. 이 세상은 네 가지 원소, 물, 불, 흙, 공기로 구성되어 있으며 또한 이 원소들은 가장 완벽한 입체인 정다각형으로 이루어져 있다고 주장했죠.

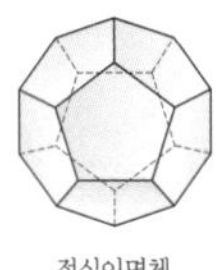

정십이면체

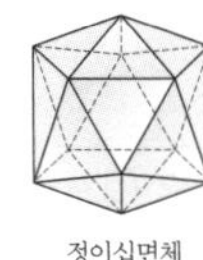

정이십면체

가장 가볍고 날카로운 원소인 '불'은 정사면체, 가장 안정된 원소인 '흙'은 정육면체, 가장 활동적이고 유동적인 '물'은 가장 쉽게 구를 수 있는 정이십면체, 그리고 정팔면체는 양끝을 손가락으로 가볍게 잡고 바람을 불어도 쉽게 돌릴 수 있기 때문에 '공기'의 불안정성, 정십이면체는 '우주전체의 형태'를 나타낸다고 주장했답니다.

플라톤의 이런 주장 때문에 정다면체는 〈플라톤의 입체도형〉이란 별명까지 갖게 되었다고 합니다. 플라톤의 이 이론을 현대적인 시각에서 보면 하나의 기묘한 공상으로 보이지만 17세기까지는 매우 진지하게 받아들여졌다고 하네요.

Part 02

묶음과 묶음으로 수식화된 행렬의 세계로!

- 묶음의 연산, 행렬의 계산
- 역행렬의 활용과 연립방정식

묶음의 연산, 행렬의 계산

고학년이 되면서 또 새로운 수학적 용어가 나오죠. 그중 하나가 '행렬'이란 것입니다. 왜 이런 행렬이 우리에게 필요할까? 우리의 실생활에 과연 적용되는 곳이 있을까? 아마 우리 친구들은 이런 의심부터 가질 겁니다.

이제 곧 구체적인 예를 들어서 설명하려 해요. 행렬은 분명히 우리의 실생활에도 적용할 수 있는 수학적 분야입니다. 특히 얽히고설킨 복잡한 관계를 몇 개의 행렬로 묶어서 연산했을 때, 신기하게도 우리가 생각해낼 수 없었던 그 무엇을 거뜬히 해결하는 경험을 하게 될 것입니다. 이제 '행렬'이란 새로운 수학적 세계로 함께 들어가보기로 해요.

행렬의 성질을 알아보자!

행렬의 연산을 알아보자

행렬이 무엇일까요? 결론부터 이야기하자면 행렬은 수나 수를 나타내는 문자를 직사각형의 형태로 ( ) 안에 배열해둔 것을 일컫습니다. 그런데 이게 무슨 의미가 있을까요? 예를 들어보면 이해가 좀 더 쉬울 겁니다. 지선이와 상희의 1학년 때 영어, 수학 성적이 다음 표와 같다고 해봅시다.

1학기	영어	수학
지선	65	70
상희	78	80

2학기	영어	수학
지선	72	63
상희	67	78

이들의 성적을 행렬 A, B라 하고 표기해보면,

$$A = \begin{pmatrix} 65 & 70 \\ 78 & 80 \end{pmatrix}, B = \begin{pmatrix} 72 & 63 \\ 67 & 78 \end{pmatrix}$$ 가 됩니다.

행은 **가로줄**, **열**은 **세로줄**을 뜻합니다.

위의 두 행렬은 2행과 2열로 돼 있기 때문에 2×2행렬이라고 표현합니다.

예를 들어 2×3행렬이라고 했다면 앞쪽 2는 행의 수, 뒤쪽 3은 열의 수를 뜻하겠죠.

두 행렬을 더하거나 빼는 것은 대응하는 원끼리 더하고 빼면
됩니다.

$$A+B=\begin{pmatrix} 65 & 70 \\ 78 & 80 \end{pmatrix}+\begin{pmatrix} 72 & 63 \\ 67 & 78 \end{pmatrix}=\begin{pmatrix} 65+72 & 70+63 \\ 78+67 & 80+78 \end{pmatrix}$$

$$=\begin{pmatrix} 137 & 133 \\ 145 & 158 \end{pmatrix}$$

$$A-B=\begin{pmatrix} 65 & 70 \\ 78 & 80 \end{pmatrix}-\begin{pmatrix} 72 & 63 \\ 67 & 78 \end{pmatrix}=\begin{pmatrix} 65-72 & 70-63 \\ 78-67 & 80-78 \end{pmatrix}$$

$$=\begin{pmatrix} -7 & 7 \\ 11 & 2 \end{pmatrix}$$

그렇다면 지선이의 1, 2학기 영어 성적의 합계, 수학 성적의
합계, 그리고 상희의 1, 2학기 영어 성적의 합계, 수학 성적의
합계를 한눈에 볼 수 있는 표가 $A+B$의 경우가 되겠죠?

이와 같이 행렬은 복잡한 관계를 하나의 틀 안에 묶을 수 있
는 장점이 있습니다.

곱셈의 경우는 더 복잡한 것을 하나의 행렬 속에 묶을 수 있
어요. 예를 들어봅시다.

상희가 문구점에 가서 아래와 같이 상품을 샀다고 합시다.
구입한 총액이 얼마나 될까요?

상품	노트	볼펜
가격	800	500

상품	수량
노트	5
볼펜	3

구입한 총 금액은 $800 \times 5 + 500 \times 3$으로 계산하죠? 행렬에서 이 관계를 확인해봅시다.

$A = (800\ 500)$, $B = \begin{pmatrix} 5 \\ 3 \end{pmatrix}$라 했을 때,

$A \times B = (800\ 500)\begin{pmatrix} 5 \\ 3 \end{pmatrix} = (800 \times 5 + 500 \times 3)$로 됩니다.

여기서 행렬의 곱셈 방법을 터득할 수 있습니다.

곱할 때는 왼쪽 행렬(A)의 행과 오른쪽 행렬(B)의 열을 선택해서 서로 대응하는 원끼리 곱해서 더한답니다. 곱셈의 결과가 상희가 구입한 상품가격의 총액이 되는 겁니다.

〈표 1〉

〈단 가〉

	노트	볼펜
A문구점	800	500
B문구점	750	450

〈표 2〉

〈수 량〉

	지선	상희
노트	5	4
볼펜	3	6

지선이와 상희가 A, B 문구점에서 위의 표와 같이 문구를 구입하는 각 경우에 총 비용을 계산해봅시다.

지선이가 A 문구점에서 노트와 볼펜을 살 경우 총 금액은

$800 \times 5 + 500 \times 3 = 5500$원

상희가 A 문구점에서 노트와 볼펜을 살 경우 총 금액은

$800 \times 4 + 500 \times 6 = 6200$원

지선이가 B 문구점에서 노트와 볼펜을 살 경우 총 금액은

$750 \times 5 + 450 \times 3 = 5100$원

상희가 B 문구점에서 노트와 볼펜을 살 경우 총 금액은

$750 \times 4 + 450 \times 6 = 5700$원

$800 \times 5 + 500 \times 3 = 5500$	$800 \times 4 + 500 \times 6 = 6200$
$750 \times 5 + 450 \times 3 = 5100$	$750 \times 4 + 450 \times 6 = 5700$

이제 위의 관계를 행렬의 곱셈과 연결지어보면 행렬의 중요성을 새삼 알게 될 겁니다.

위의 〈표1〉, 〈표2〉를 행렬로 표시하여 위의 관계를 만들어 봅시다.

$$\begin{pmatrix} 800 & 500 \\ 750 & 450 \end{pmatrix} \begin{pmatrix} 5 & 4 \\ 3 & 6 \end{pmatrix} = \begin{pmatrix} 800 \times 5 + 500 \times 3 & 800 \times 4 + 500 \times 6 \\ 750 \times 5 + 450 \times 3 & 750 \times 4 + 450 \times 6 \end{pmatrix}$$

이것이 바로 행렬의 곱셈이죠.

단순해보여서 별 거 아닌 것 같지만 복잡한 관계를 행렬의 곱셈으로 연결지어보면 '이래서 행렬이 필요하구나'라고 말할 겁니다.

그런데 행렬의 곱셈을 하려면 조건이 있습니다.

$A \times B$를 셈할 때 A가 $m \times l$ 행렬, B가 $l \times n$ 행렬일 행렬일 때, 즉 앞쪽 행렬의 열의 개수(l)와 뒤쪽 행렬의 행의 개수(l)가 같을 때 곱셈이 가능하다는 사실입니다. 그런데 계산 결과는 $m \times n$ 행렬이 됩니다. 즉 계산 결과는 앞쪽 행렬 A의 행의 개수(m)만큼 행이 만들어 지고, 뒤쪽 행렬 B의 열의 개수(n)만큼 열이 만들어집니다.

$$A = \begin{pmatrix} 1 & 2 & 3 \\ 4 & 5 & 6 \end{pmatrix}, B = \begin{pmatrix} a & d \\ b & e \\ c & f \end{pmatrix} \text{에서}$$

$$AB = \begin{pmatrix} 1 & 2 & 3 \\ 4 & 5 & 6 \end{pmatrix} \begin{pmatrix} a & d \\ b & e \\ c & f \end{pmatrix}$$

$$= \begin{pmatrix} 1 \times a + 2 \times b + 3 \times c & 1 \times d + 2 \times e + 3 \times f \\ 4 \times a + 5 \times b + 6 \times c & 4 \times d + 5 \times e + 6 \times f \end{pmatrix}$$

A는 2×3행렬, B는 3×2행렬이므로 곱셈이 가능하며 그 결과는 2×2행렬이 되는 겁니다.

곱셈방법을 유심히 확인해봐요. 한 경우만 예를 들어 설명해보면, A의 2행 (4 5 6)와 B의 1열 $\begin{pmatrix} a \\ b \\ c \end{pmatrix}$을 대응시켜 곱한다면 그 곱한 결과는 2행 1열 자리에 쓰면 됩니다. 곱하는 방법은 순서에 대응되게 곱해서 더해주면 되는 거죠.

즉, $(4 \ 5 \ 6)\begin{pmatrix} a \\ b \\ c \end{pmatrix} = (4a+5b+6c)$

행렬의 곱셈의 기본틀을 다시 한 번 확인하고 기억합시다.

 **핵심포인트** **행렬의 곱셈 방법**

① $A : m \times l$ 행렬, $B : l \times n$ 행렬일 때, $A \times B$를 셈할 수 있습니다.

$A \times B$은 $m \times n$ 행렬이 됩니다.

② $A \times B$을 셈하려면 A의 행과 B의 열을 대응시켜 아래와 같은 방법으로 곱셈합니다.

$$\left(\begin{array}{c} \text{①} \\ \text{②} \end{array}\right)\left(\fbox{ⓐ}\ \fbox{ⓑ}\right) = \begin{pmatrix} \text{①}\times\text{ⓐ} & \text{①}\times\text{ⓑ} \\ \text{②}\times\text{ⓐ} & \text{②}\times\text{ⓑ} \end{pmatrix}$$

$$\iff \begin{pmatrix} a & b \\ c & d \end{pmatrix}\begin{pmatrix} p & q \\ r & s \end{pmatrix} = \begin{pmatrix} ap+br & aq+bs \\ cp+dr & cq+ds \end{pmatrix}$$

확인예제 | 01

다음 행렬을 계산해봅시다.

(1) $(3 \ 6)\begin{pmatrix} 2 \\ 4 \end{pmatrix}$
(2) $\begin{pmatrix} 2 \\ 5 \end{pmatrix}(3 \ -2)$

(3) $(2 \ -3)\begin{pmatrix} 1 & 0 \\ -5 & 4 \end{pmatrix}$

(4) $\begin{pmatrix} 2 & -3 \\ 1 & 4 \end{pmatrix}\begin{pmatrix} 0 & -4 \\ 2 & -2 \end{pmatrix}$

(5) $\begin{pmatrix} 4 & 1 & -2 \\ 0 & 3 & 2 \end{pmatrix}\begin{pmatrix} 2 & 3 \\ 6 & -4 \\ 1 & -3 \end{pmatrix}$

(1) 1×2행렬과 2×1행렬의 곱이므로 1×1행렬이 됩니다.

$$(3 \ 6)\begin{pmatrix} 2 \\ 4 \end{pmatrix} = (3 \times 2 + 6 \times 4) = \mathbf{(30)}$$

(2) 2×1행렬과 1×2행렬의 곱이므로 2×2행렬이 됩니다.

$$\begin{pmatrix} 2 \\ 5 \end{pmatrix}(3 \ -2) = \begin{pmatrix} 2 \times 3 & 2 \times (-2) \\ 5 \times 3 & 5 \times (-2) \end{pmatrix} = \begin{pmatrix} \mathbf{6} & \mathbf{-4} \\ \mathbf{15} & \mathbf{-10} \end{pmatrix}$$

(3) 1×2행렬과 2×2행렬의 곱이므로 1×2행렬이 됩니다.

$$(2 \ -3)\begin{pmatrix} 1 & 0 \\ -5 & 4 \end{pmatrix}$$

$$= (2 \times 1 + (-3) \times (-5) \ \ 2 \times 0 + (-3) \times 4)$$

$$= \mathbf{(17 \ -12)}$$

(4) 2×2행렬과 2×2행렬의 곱이므로 2×2행렬이 됩니다.

$$\begin{pmatrix} 2 & -3 \\ 1 & 4 \end{pmatrix}\begin{pmatrix} 0 & -4 \\ 2 & -2 \end{pmatrix}$$

$$= \begin{pmatrix} 2 \times 0 + (-3) \times 2 & 2 \times (-4) + (-3) \times (-2) \\ 1 \times 0 + 4 \times 2 & 1 \times (-4) + 4 \times (-2) \end{pmatrix}$$

$$=\begin{pmatrix} -6 & -2 \\ 8 & -12 \end{pmatrix}$$

(5) 2×3행렬 3×2과 행렬의 곱이므로 2×2행렬이 됩니다.

$$\begin{pmatrix} 4 & 1 & -2 \\ 0 & 3 & 2 \end{pmatrix}\begin{pmatrix} 2 & 3 \\ 6 & -4 \\ 1 & -3 \end{pmatrix}$$

$$=\begin{pmatrix} 4\times2+1\times6+(-2)\times1 & 4\times3+1\times(-4)+(-2)\times(-3) \\ 0\times2+3\times6+2\times1 & 0\times3+3\times(-4)+2\times(-3) \end{pmatrix}$$

$$=\begin{pmatrix} 12 & 14 \\ 20 & -18 \end{pmatrix}$$

모든 원이 0으로 구성된 행렬을 **영행렬**이라 하며 O으로 표시합니다.

예를 들면 $O=\begin{pmatrix} 0 & 0 \\ 0 & 0 \end{pmatrix}$, $O=\begin{pmatrix} 0 & 0 & 0 \\ 0 & 0 & 0 \end{pmatrix}$와 같은 행렬입니다.

여기서 또 하나 짚고 넘어가야 할 행렬이 있습니다.

정사각 행렬(행, 열의 개수가 같은 행렬)에서 왼쪽 위쪽에서 오른쪽 아래쪽 방향의 대각선 위의 원이 모두 1이고 나머지 원들이 0으로 된 행렬을 **단위행렬**이라 합니다.

표기법은 E 또는 I로 표기합니다.

예를 들면 $E=\begin{pmatrix} 1 & 0 \\ 0 & 1 \end{pmatrix}$, $E=\begin{pmatrix} 1 & 0 & 0 \\ 0 & 1 & 0 \\ 0 & 0 & 1 \end{pmatrix}$과 같은 행렬이죠.

이제 행렬의 곱셈을 연습했으니 행렬이 갖고 있는 특별한 성질들을 공부해봅시다.

(1) $A=\begin{pmatrix} a & b \\ c & d \end{pmatrix}$, $E=\begin{pmatrix} 1 & 0 \\ 0 & 1 \end{pmatrix}$일 때,

$$AE=\begin{pmatrix} a & b \\ c & d \end{pmatrix}\begin{pmatrix} 1 & 0 \\ 0 & 1 \end{pmatrix}=\begin{pmatrix} a\times1+b\times0 & a\times0+b\times1 \\ c\times1+d\times0 & c\times0+d\times1 \end{pmatrix}$$

$$=\begin{pmatrix} a & b \\ c & d \end{pmatrix}$$

$AE=A$임을 확인할 수 있죠?

$EA=A$임도 위와 같은 방법으로 확인할 수 있습니다.

결론적으로 말해, $AE=EA=A$인 셈이죠.

(2) $A=\begin{pmatrix} 1 & 3 \\ 2 & 6 \end{pmatrix}$, $B=\begin{pmatrix} 3 & -3 \\ -1 & 1 \end{pmatrix}$에서

$$AB=\begin{pmatrix} 1 & 3 \\ 2 & 6 \end{pmatrix}\begin{pmatrix} 3 & -3 \\ -1 & 1 \end{pmatrix}=\begin{pmatrix} 0 & 0 \\ 0 & 0 \end{pmatrix}=O$$

$$BA=\begin{pmatrix} 3 & -3 \\ -1 & 1 \end{pmatrix}\begin{pmatrix} 1 & 3 \\ 2 & 6 \end{pmatrix}=\begin{pmatrix} -3 & -9 \\ 1 & 3 \end{pmatrix}$$

여기서 중요한 결론 두 가지!

$A\neq O$, $B\neq O$일지라도 $AB=O$일 수 있다는 사실. 이와 같이 O행렬이 아닌데도 곱의 결과가 O행렬이 될 때 A, B행렬을

영인자라고 합니다.

또 하나, $AB \neq BA$임을 확인할 수 있죠? $AE = EA$과 는 확실히 비교됩니다.

(3) 또 하나의 예를 들어봅시다.

$$A = \begin{pmatrix} 2 & -2 \\ 2 & -2 \end{pmatrix} \text{일 때, } A^2 = \begin{pmatrix} 2 & -2 \\ 2 & -2 \end{pmatrix}\begin{pmatrix} 2 & -2 \\ 2 & -2 \end{pmatrix} = \begin{pmatrix} 0 & 0 \\ 0 & 0 \end{pmatrix} = O$$

여기서는 어떤 결론을 얻을 수 있을까요?

행렬에서는 $A \neq O$일지라도 $A^n = O$일 수 있어요.

(4) 한 예를 더 들어볼까요?

$$A = \begin{pmatrix} 1 & 2 \\ 3 & 6 \end{pmatrix}, B = \begin{pmatrix} -1 & 2 \\ 3 & -2 \end{pmatrix}, C = \begin{pmatrix} -3 & -2 \\ 4 & 0 \end{pmatrix} \text{일 때}$$

직접 곱셈을 해봅시다. 아마 신기한 결과를 볼 수 있을 겁니다.

$AB = AC$인 사실!

그런데 우리가 알고 있는 상식에 따르면 행렬이 아닌 경우 $A \neq 0$, $AB = AC$이면 양변을 0아닌 A로 나누어 $B = C$가 됩니다. 그러나 행렬에서는 그렇지 않습니다.

위에서 확인해보았듯이 $A \neq O$, $AB = AC$이지만 $B \neq C$라는 것, 중요하니까 꼭 기억해두세요.

① $AB \neq BA$ (곱셈의 교환법칙 성립 안함),

  $AE = EA$ (E와의 곱은 교환법칙 성립),

  특히 $AE = EA = A$ (E는 곱셈의 항등원)

② $E^2 = E^3 = E^4 = \cdots = E^n = E$ (E의 거듭제곱은 E가 됩니다)

③ $AB = O$ $\xleftrightarrow{\times}$ $A = O$ 또는 $B = O$

  $AB = AC, A \neq O$ $\xleftrightarrow{\times}$ $B = C$

  $A^n = O$ $\xleftrightarrow{\times}$ $A = O$

여러분에게 몇 가지 질문해보죠.

$(AB)^2 = A^2 B^2$이 성립할까요?

$(A+B)^2 = A^2 + 2AB + B^2$이 성립할까요?

$(A+B)(A-B) = A^2 - B^2$이 성립할까요?

어떤 답이 나올까요? 지수법칙, 전개공식을 생각하면 모두 맞는 식이거든요.

그런데 행렬에서는 안 된답니다. 왜 안 될까요? 이유는 곱셈의 교환법칙이 성립하지 않기 때문입니다.

즉, $AB \neq BA$이기 때문이죠.

하나하나 살펴봅시다.

$$(AB)^2 = (AB)(AB) = A(BA)B \neq A(AB)B$$

곱셈의 결합법칙은 성립 $BA \neq AB$이므로 등호 성립 안 함

$$= (AA)(BB) = A^2 B^2$$

$$(A+B)^2 = (A+B)(A+B) = A^2 + AB + BA + B^2$$

$$\neq A^2 + 2AB + B^2$$

$BA \neq AB$이므로 등호 성립 안 함

$$(A+B)(A-B) = A^2 - AB + BA - B^2 \neq A^2 - B^2$$

$BA \neq AB$이므로 등호 성립 안 함

그런데 이건 어떨까요?

$(AE)^2 = A^2 E^2$이 성립할까요?

$(A+E)^2 = A^2 + 2AE + E^2$이 성립할까요?

$(A+E)(A-E) = A^2 - E^2$이 성립할까요?

교환법칙 $AE = EA$이 성립한다고 앞에서 공부했었죠? 그래서 모두 성립합니다.

① $(AB)^n \neq A^n B^n$

$(AE)^n = A^n E^n$

② $(A \pm B)^2 \neq A^2 \pm 2AB + B^2$

$(A \pm E)^2 = A^2 \pm 2AE + E^2$

③ $(A+B)(A-B) \neq A^2 - B^2$

$(A+E)(A-E) = A^2 - E^2$

● 각 번호의 위쪽, 아래쪽을 잘 비교해서 기억해둡시다!

확인예제 | 02

2×2행렬 A, B에 대하여 다음 관계를 만족할 때 $A^2 + B^2$을 구해봅시다.

$$A+B = \begin{pmatrix} 1 & 2 \\ 3 & 4 \end{pmatrix}, \; AB+BA = \begin{pmatrix} 2 & 2 \\ 2 & 0 \end{pmatrix}$$

이런 관계식들이 어디에서 나올 수 있을까요? 생각이 떠오르나요? 바로 이것이죠.

$$(A+B)^2=(A+B)(A+B)=A^2+AB+BA+B^2$$

변형을 하면 $A^2+B^2=(A+B)^2-(AB+BA)$ 이해되죠?

$$A^2+B^2=\begin{pmatrix} 1 & 2 \\ 3 & 4 \end{pmatrix}\begin{pmatrix} 1 & 2 \\ 3 & 4 \end{pmatrix}-\begin{pmatrix} 2 & 2 \\ 2 & 0 \end{pmatrix}=\begin{pmatrix} 7 & 10 \\ 15 & 22 \end{pmatrix}-\begin{pmatrix} 2 & 2 \\ 2 & 0 \end{pmatrix}$$

$$=\begin{pmatrix} 5 & 8 \\ 13 & 22 \end{pmatrix}$$

확인예제 | 03

행렬 $A=\begin{pmatrix} 3 & a \\ b & 4 \end{pmatrix}$, $B=\begin{pmatrix} 2 & -2 \\ -2 & 3 \end{pmatrix}$이 $(A+B)(A-B)=A^2-B^2$을 만족할 때 a^2+b^2의 값을 구해봅시다.

$(A+B)(A-B)=A^2-B^2$의 관계는 일반적으로 성립 안 한다고 이미 공부했었죠? 그런데 이 관계가 성립한다는 말은 결국 $AB=BA$가 성립한다는 뜻이죠.

만일 「$(A+B)^2=A^2+2AB+B^2$이 성립할 때」라는 문제가 나와도 결국은 「$AB=BA$가 성립할 때」로 해석하면 됩니다.

이제 문제를 해결해봅시다.

$$AB=\begin{pmatrix} 3 & a \\ b & 4 \end{pmatrix}\begin{pmatrix} 2 & -2 \\ -2 & 3 \end{pmatrix}=\begin{pmatrix} 6-2a & -6+3a \\ 2b-8 & -2b+12 \end{pmatrix}$$

$$BA=\begin{pmatrix} 2 & -2 \\ -2 & 3 \end{pmatrix}\begin{pmatrix} 3 & a \\ b & 4 \end{pmatrix}=\begin{pmatrix} 6-2b & 2a-8 \\ -6+3b & -2a+12 \end{pmatrix}$$

$AB=BA$이므로 두 행렬의 원끼리 비교하면

$6-2a=6-2b$에서 $a=b$,

또 $-6+3a=2a-8$에서 $a=-2$, 따라서 $a=b=-2$,

$\therefore a^2+b^2=(-2)^2+(-2)^2=8$

2×2행렬 A, B가 $A+B=\begin{pmatrix} 1 & 3 \\ 0 & 4 \end{pmatrix}$, $A-B=\begin{pmatrix} -1 & 1 \\ 2 & -4 \end{pmatrix}$일 때

A^2-B^2을 구해봅시다.

$(A+B)(A-B)=A^2-B^2$이 성립한다고 생각해서 두 식을 곱해서 해결하려 했다면 땡! 성립 안 한다는 것 잘 알고 있겠죠? 연립방정식을 풀 듯 풀어야 합니다.

$$A+B=\begin{pmatrix} 1 & 3 \\ 0 & 4 \end{pmatrix} \cdots ① \quad A-B=\begin{pmatrix} -1 & 1 \\ 2 & -4 \end{pmatrix} \cdots ②$$

$$①+② : 2A=\begin{pmatrix} 1 & 3 \\ 0 & 4 \end{pmatrix}+\begin{pmatrix} -1 & 1 \\ 2 & -4 \end{pmatrix}=\begin{pmatrix} 0 & 4 \\ 2 & 0 \end{pmatrix}$$

양변을 2로 나누면, $A=\begin{pmatrix} 0 & 2 \\ 1 & 0 \end{pmatrix}$

$$①-② : 2B=\begin{pmatrix} 1 & 3 \\ 0 & 4 \end{pmatrix}-\begin{pmatrix} -1 & 1 \\ 2 & -4 \end{pmatrix}=\begin{pmatrix} 2 & 2 \\ -2 & 8 \end{pmatrix}$$

양변을 2로 나누면, $B=\begin{pmatrix} 1 & 1 \\ -1 & 4 \end{pmatrix}$

$$A^2-B^2=\begin{pmatrix} 0 & 2 \\ 1 & 0 \end{pmatrix}\begin{pmatrix} 0 & 2 \\ 1 & 0 \end{pmatrix}-\begin{pmatrix} 1 & 1 \\ -1 & 4 \end{pmatrix}\begin{pmatrix} 1 & 1 \\ -1 & 4 \end{pmatrix}$$

$$=\begin{pmatrix} 2 & 0 \\ 0 & 2 \end{pmatrix}-\begin{pmatrix} 0 & 5 \\ -5 & 15 \end{pmatrix}=\begin{pmatrix} \mathbf{2} & \mathbf{-5} \\ \mathbf{5} & \mathbf{-13} \end{pmatrix}$$

케일리 해밀턴 정리

행렬의 연산에 많은 도움을 주는 정리 하나가 있습니다.

$A=\begin{pmatrix} a & b \\ c & d \end{pmatrix}$일 때, $A^2-(a+d)A+(ad-bc)E=O$의 관계는 반드시 성립합니다.

확인해봅시다.

$$A^2-(a+d)A+(ad-bc)E$$

$$=\begin{pmatrix} a & b \\ c & d \end{pmatrix}\begin{pmatrix} a & b \\ c & d \end{pmatrix}-(a+d)\begin{pmatrix} a & b \\ c & d \end{pmatrix}+(ad-bc)\begin{pmatrix} 1 & 0 \\ 0 & 1 \end{pmatrix}$$

$$=\begin{pmatrix} a^2+bc & ab+bd \\ ac+cd & bc+d^2 \end{pmatrix}-\begin{pmatrix} a^2+ad & ab+bd \\ ac+cd & ad+d^2 \end{pmatrix}$$

$$+\begin{pmatrix} ad-bc & 0 \\ 0 & ad-bc \end{pmatrix}=\begin{pmatrix} 0 & 0 \\ 0 & 0 \end{pmatrix}=O$$

이 관계식을 케일리 해밀턴$Cayley\ Hamilton$의 정리라 하죠. 예를 들어볼까요?

$$A=\begin{pmatrix} 2 & 3 \\ 1 & 4 \end{pmatrix}$$일 때 $A^2-(2+4)A+(2\times4-3\times1)E=O$

즉, $A^2-6A+5E=O$이 됩니다. 이게 성립할지 안할지 궁금한 친구가 있으면 직접 하나하나 계산을 해보세요. 분명 영행렬(O)이 될 겁니다. 그런데 중요한 것은 $A^2+pA+qE=O$와 같은 형태는 무조건 케일리 정리로 보면 안 됩니다.

확인해볼 수 있는 예를 하나 들어보죠.

$A=\begin{pmatrix} 2 & 0 \\ 0 & 2 \end{pmatrix}$일 때, $A^2-5A+6E=O$이 성립합니다.

$$A^2-5A+6E=\begin{pmatrix} 2 & 0 \\ 0 & 2 \end{pmatrix}\begin{pmatrix} 2 & 0 \\ 0 & 2 \end{pmatrix}-5\begin{pmatrix} 2 & 0 \\ 0 & 2 \end{pmatrix}+6\begin{pmatrix} 1 & 0 \\ 0 & 1 \end{pmatrix}$$

$$=\begin{pmatrix} 4 & 0 \\ 0 & 4 \end{pmatrix}-\begin{pmatrix} 10 & 0 \\ 0 & 10 \end{pmatrix}+\begin{pmatrix} 6 & 0 \\ 0 & 6 \end{pmatrix}=\begin{pmatrix} 0 & 0 \\ 0 & 0 \end{pmatrix}=O$$

그런데 $A=\begin{pmatrix} 2 & 0 \\ 0 & 2 \end{pmatrix}$에 관한 케일리 정리는,

$$A^2-(2+2)A+(4-0)E=O,$$

즉 $A^2-4A+4E=O$ 그러니까 $A^2-5A+6E=O$은 케일리 정리에서 나온 결과가 아닙니다.

이 결과를 볼 때 중요한 결론은 $A\neq kE=\begin{pmatrix} k & 0 \\ 0 & k \end{pmatrix}$일 때,

$A^2+pA+qE=O$이 성립한다면 이 결과는 케일리 정리의 결과로 보면 되지만 $A=kE$일 때는 위의 예($A=2E$ 꼴)에서 보았듯이 주어진 관계식을 케일리 정리로 보면 안 된다는 사실입니다. 이해되었나요?

핵심포인트 　케일리 해밀턴의 정리

① $A=\begin{pmatrix} a & b \\ c & d \end{pmatrix}$일 때,

$A^2-(a+d)A+(ad-bc)E=O$의 관계는 항상 성립합니다.

② $A=\begin{pmatrix} a & b \\ c & d \end{pmatrix}$일 때,

$A^2+pA+qE=O$의 관계가 성립할 때,

i) $A\ne kE=\begin{pmatrix} k & 0 \\ 0 & k \end{pmatrix}$이면 $A^2+pA+qE=O$은 케

일리의 정리입니다.

ii) $A=kE$일 때는 $A^2+pA+qE=O$은 케일리의

정리라고 단정할 수 없습니다.

행렬 $A=\begin{pmatrix} a & 2 \\ 3 & b \end{pmatrix}$일 때 $A^2-4A-3E=O$이 성립할 때, a^2+b^2의

값을 구해봅시다.

두 가지 풀이법을 잘 비교해보는 것이 이번 문제의 핵심이죠.

〈제1방법〉

$A^2-4A-3E=\begin{pmatrix} a & 2 \\ 3 & b \end{pmatrix}\begin{pmatrix} a & 2 \\ 3 & b \end{pmatrix}-4\begin{pmatrix} a & 2 \\ 3 & b \end{pmatrix}-3\begin{pmatrix} 1 & 0 \\ 0 & 1 \end{pmatrix}$

$$=\begin{pmatrix} a^2+6 & 2a+2b \\ 3a+3b & b^2+6 \end{pmatrix}-\begin{pmatrix} 4a & 8 \\ 12 & 4b \end{pmatrix}-\begin{pmatrix} 3 & 0 \\ 0 & 3 \end{pmatrix}$$

$$=\begin{pmatrix} a^2-4a+3 & 2a+2b-8 \\ 3a+3b-12 & b^2-4b+3 \end{pmatrix}=\begin{pmatrix} 0 & 0 \\ 0 & 0 \end{pmatrix}$$

$a^2-4a+3=0 \ \cdots\ ①$ $2a+2b-8=0 \ \cdots\ ②$

$3a+3b-12=0 \ \cdots\ ③$ $b^2-4b+3=0 \ \cdots\ ④$

①에서 $(a-1)(a-3)=0,\ a=1$ 또는 3

④에서 $(b-1)(b-3)=0,\ b=1$ 또는 3

②, ③을 만족할 수 있는 a, b의 값은

$(a, b)=(1, 3), (3, 1)$이지요. $\therefore\ a^2+b^2=\mathbf{10}$

〈제2방법〉 케일리 정리를 써봅시다.

우선 확인 작업부터 들어갑시다. $A=\begin{pmatrix} a & 2 \\ 3 & b \end{pmatrix}\neq kE$이므로

$A^2-4A-3E=O$는 케일리 정리에서 비롯된 것이 맞죠!

케일리 정리를 써보겠습니다.

$A^2-(a+b)A+(ab-6)E=O.$

이제 계수를 비교해보면 $a+b=4,\ ab=3$

만족하는 a, b의 값은 $(a, b)=(1, 3), (3, 1)$이죠.

$\therefore\ a^2+b^2=\mathbf{10}$

●이 변형 공식을 써도 좋죠.

$a^2+b^2=(a+b)^2-2ab=4^2-2\times 3=\mathbf{10}$

행렬 $A=\begin{pmatrix} a & b \\ -b & a \end{pmatrix}$에 대하여 $A^2+2A+2E=O$이 성립할 때, ab의 값을 구해봅시다 (단, $b<0$).

$b<0$이므로 $A \neq kE$이므로 케일리 정리의 결과로 볼 수 있습니다.

케일리 정리를 써보면 $A^2-(a+a)A+(a^2+b^2)E=O$.

$-2a=2$이므로 $a=-1$

$a^2+b^2=2,\ (-1)^2+b^2=2,\ b^2=1,\ \therefore b=\pm1$

그런데 $b<0$이므로 $b=-1$.

$\therefore ab=\mathbf{1}$

$A=\begin{pmatrix} a & b \\ c & d \end{pmatrix}$일 때 $A^2-A-2E=O$을 만족할 때 $ad-bc$의 값을 구해봅시다.

이 경우는 어떨까요? 모든 원이 문자로 되어 있기 때문에 $A=kE$일 수도 있고 $A\neq kE$일 수도 있겠죠. 이럴 경우는 두 가지 경우로 분류해서 답을 써야 합니다.

i) $A\neq kE$일 때는 케일리 정리의 결과로 볼 수 있으므로

$$ad-bc=-2$$

ii) $A=kE$일 때도 $A^2-A-2E=O$을 만족해야 하므로 대입을 했을 때 성립해야겠죠?

$$(kE)^2-kE-2E=k^2E^2-kE-2E=O, E^2=E$$이므로

$$(k^2-k-2)E=O$$

$E\neq O$이므로 계수 $k^2-k-2=(k+1)(k-2)=0$,

$k=-1$또는 2, $A=kE$이므로

$A=-E$ 또는 $A=2E$가 됩니다.

$$\therefore A=\begin{pmatrix} -1 & 0 \\ 0 & -1 \end{pmatrix}$$또는 $\begin{pmatrix} 2 & 0 \\ 0 & 2 \end{pmatrix}$ 이 두 경우의 $ad-bc=1$

또는 4가 되겠죠? 　　　　　　　　정답 : $-2, 1, 4$

$$① \begin{pmatrix} 1 & 0 \\ a & 1 \end{pmatrix}^n = \begin{pmatrix} 1 & 0 \\ na & 1 \end{pmatrix} \qquad ② \begin{pmatrix} 1 & a \\ 0 & 1 \end{pmatrix}^n = \begin{pmatrix} 1 & na \\ 0 & 1 \end{pmatrix}$$

$$③ \begin{pmatrix} a & 0 \\ 0 & b \end{pmatrix}^n = \begin{pmatrix} a^n & 0 \\ 0 & b^n \end{pmatrix} \leftarrow a=b \text{일 때도 성립}$$

$$④ \begin{pmatrix} a & a \\ a & a \end{pmatrix}^n = 2^{n-1} \begin{pmatrix} a^n & a^n \\ a^n & a^n \end{pmatrix}$$

$$⑤ \begin{pmatrix} a & b \\ 0 & a \end{pmatrix}^n = a^n \begin{pmatrix} 1 & \dfrac{b}{a} \\ 0 & 1 \end{pmatrix}^n = a^n \begin{pmatrix} 1 & \dfrac{b}{a}n \\ 0 & 1 \end{pmatrix}$$

위의 공식들은 알아두면 계산의 시간을 많이 줄일 수 있겠죠.
증명은 수학적 귀납법으로 가능하지만 여기서는 생략합니다.

예를 들어 봅니다.

①, ②의 핵심은 단위행렬 $\begin{pmatrix} 1 & 0 \\ 0 & 1 \end{pmatrix}$ 의 일부분을 포함하고 있다는 것!

$$① \begin{pmatrix} 1 & 0 \\ 4 & 1 \end{pmatrix}^5 = \begin{pmatrix} 1 & 0 \\ 4 \times 5 & 1 \end{pmatrix} = \begin{pmatrix} 1 & 0 \\ 20 & 1 \end{pmatrix}$$

$$② \begin{pmatrix} 1 & -5 \\ 0 & 1 \end{pmatrix}^3 = \begin{pmatrix} 1 & -5 \times 3 \\ 0 & 1 \end{pmatrix} = \begin{pmatrix} 1 & -15 \\ 0 & 1 \end{pmatrix}$$

$$③ \begin{pmatrix} 2 & 0 \\ 0 & 3 \end{pmatrix}^4 = \begin{pmatrix} 2^4 & 0 \\ 0 & 3^4 \end{pmatrix} = \begin{pmatrix} 16 & 0 \\ 0 & 81 \end{pmatrix}$$

④ $\begin{pmatrix} 3 & 3 \\ 3 & 3 \end{pmatrix}^4 = 2^3 \begin{pmatrix} 3^4 & 3^4 \\ 3^4 & 3^4 \end{pmatrix} = 8 \begin{pmatrix} 81 & 81 \\ 81 & 81 \end{pmatrix}$

⑤의 경우는 $\begin{pmatrix} a & b \\ 0 & a \end{pmatrix} = a \begin{pmatrix} 1 & \dfrac{b}{a} \\ 0 & 1 \end{pmatrix}$임을 이용하여 공식 ②를 적용한 것입니다.

$\begin{pmatrix} 2 & 6 \\ 0 & 2 \end{pmatrix}^4$을 계산하면 어떻게 될까요.

$\begin{pmatrix} 2 & 6 \\ 0 & 2 \end{pmatrix} = 2 \begin{pmatrix} 1 & 3 \\ 0 & 1 \end{pmatrix}$이므로

$\begin{pmatrix} 2 & 6 \\ 0 & 2 \end{pmatrix}^4 = 2^4 \begin{pmatrix} 1 & 3 \\ 0 & 1 \end{pmatrix}^4 = 16 \begin{pmatrix} 1 & 3 \times 4 \\ 0 & 1 \end{pmatrix} = 16 \begin{pmatrix} 1 & 12 \\ 0 & 1 \end{pmatrix}$

역행렬의 활용과 연립방정식

　역행렬? 또 새로운 용어가 나왔죠! 아마 고1 때, 실수체계를 공부하면서, '역원'이란 용어를 배웠을 겁니다. 함수편에서는 비슷한 용어를 들어본 적이 없나요? 바로 '역함수'죠.

　역할 면에서는 역행렬도 거의 같은 내용을 지니고 있다고 볼 수 있어요. 행렬에는 덧셈, 뺄셈, 곱셈은 있지만 나눗셈은 없답니다. 아들이 없고 딸만 있는 집을 보면 딸이 아들 역할을 척척 해내는 경우를 종종 볼 수 있듯, 이 역행렬도 나눗셈이 없는 이 행렬의 세계에서 그 나눗셈의 역할을 톡톡히 하고 있다는 거죠. 역행렬이 궁금해지지 않나요? 우리 이제 역행렬이란 재치 있는 이 녀석을 한번 만나보기로 해요.

연산의 단계를 줄여주는 역행렬

역행렬의 정의와 그 성질

이제 역행렬이 무엇일까를 알아봅시다. 정사각행렬 A, X가 주어질 때, $AX=XA=E$인 관계를 만족하는 X를 A의 **역행렬**이라 정의하며 $X=A^{-1}$로 표시합니다.

역행렬의 등장으로 행렬의 연산의 단계가 상당히 줄어들 수 있습니다. 이제 역행렬을 공부해보면 그 사실을 금세 알게 될 겁니다. 이제 2차 정사각행렬의 역행렬을 정의를 통해서 구해서 공식으로 만들어봅시다.

$$A=\begin{pmatrix} a & b \\ c & d \end{pmatrix},\ X=\begin{pmatrix} p & q \\ r & s \end{pmatrix},\ E=\begin{pmatrix} 1 & 0 \\ 0 & 1 \end{pmatrix}$$라 두면,

$AX=E$의 관계에서 X를 유도해봅시다.

$$\begin{pmatrix} a & b \\ c & d \end{pmatrix}\begin{pmatrix} p & q \\ r & s \end{pmatrix}=\begin{pmatrix} 1 & 0 \\ 0 & 1 \end{pmatrix}$$에서 $$\begin{pmatrix} ap+br & aq+bs \\ cp+dr & cq+ds \end{pmatrix}=\begin{pmatrix} 1 & 0 \\ 0 & 1 \end{pmatrix},$$

$ap+br=1 \cdots ①$ $cp+dr=0 \cdots ②$

$aq+bs=0 \cdots ③$ $cq+ds=1 \cdots ④$

①, ②를 연립해서 p, r의 값을 구합니다.

$① \times d : adp+bdr=d$

$② \times b : bcp + bdr = 0$ 두 식을 빼면 $(ad-bc)p=d$

$$ad-bd \neq 0일 \ 때, \ p=\frac{d}{ad-bc}$$

$① \times c : acp + bcr = c$

$② \times a : acp + adr = 0$ 두 식을 빼면 $(bc-ad)r=c$

$$즉, (ad-bc)r=-c, \quad r=\frac{-c}{ad-bc}$$

③, ④ 식에서도 같은 방법으로 연립하면

$$q=\frac{-b}{ad-bc}, s=\frac{a}{ad-bc}$$

$$X=A^{-1}=\frac{1}{ad-bc}\begin{pmatrix} d & -b \\ -c & a \end{pmatrix}가 \ 됩니다(단, ad-bc \neq 0).$$

이제 역행렬의 정의와 구하는 방법을 알았으니까, 예를 들어
볼까요?

$$A=\begin{pmatrix} 4 & -2 \\ 3 & -1 \end{pmatrix}에서 \ ad-bc=4 \times (-1)-(-2) \times 3=2$$

$$A^{-1}=\frac{1}{2}\begin{pmatrix} -1 & 2 \\ -3 & 4 \end{pmatrix}$$

$$A=\begin{pmatrix} 2 & 4 \\ 4 & 8 \end{pmatrix}에서는 \ ad-bc=2 \times 8-4 \times 4=0 \ 되기 \ 때문에 \ 역$$

행렬이 존재할 수 없지요.

① 정사각행렬 A에 대하여

$$AX = XA = E \Rightarrow X = A^{-1}$$

이때 X를 A의 역행렬이라 하고 A^{-1}로 표기합니다.

② $A = \begin{pmatrix} a & b \\ c & d \end{pmatrix}$에서 $D = ad - bc$라 할 때,

　i) $D \neq 0$일 때 A^{-1} 존재하며 $A^{-1} = \dfrac{1}{D}\begin{pmatrix} d & -b \\ -c & a \end{pmatrix}$

　ii) $D = 0$일 때 A^{-1} 존재하지 않습니다.

● D는 행렬($Matirx$) A에 대한 행렬식($Determinant$)의 이니셜입니다.

확인예제 | 01

다음 행렬에서 역행렬이 존재하는지 확인해보고 존재하는 경우는 그 역행렬을 구해봅시다.

(1) $\begin{pmatrix} 2 & -3 \\ 4 & -5 \end{pmatrix}$　　　　　(2) $\begin{pmatrix} 2 & 4 \\ 3 & 6 \end{pmatrix}$

(1) $D=2\times(-5)-(-3)\times4=2$이므로 역행렬이 존재합니다. 구하는 역행렬은 $\dfrac{1}{2}\begin{pmatrix} -5 & 3 \\ -4 & 2 \end{pmatrix}$

(2) $D=2\times6-4\times3=0$이므로 역행렬이 존재하지 않습니다.

 **핵심포인트**   **역행렬의 성질**

① $(A^{-1})^{-1}=A,\ E^{-1}=E$ ② $AA^{-1}=A^{-1}A=E$

③ $(AB)^{-1}=B^{-1}A^{-1}$ ④ $(A^m)^{-1}=(A^{-1})^m$

⑤ A^{-1}, B^{-1} 존재할 때,

$$\begin{cases} AX=B \Rightarrow X=A^{-1}B \\ XA=B \Rightarrow X=BA^{-1} \\ AXB=C \Rightarrow X=A^{-1}CB^{-1} \end{cases}$$

⑥ $(kA)^{-1}=\dfrac{1}{k}A^{-1}$ (단, $k\neq0$)

왜 이런 성질들을 가질까요?

②번의 경우

$AX=XA=E$에서 $X=A^{-1}$이기 때문에

$AA^{-1}=A^{-1}A=E$이 되는 것은 당연합니다.

③번의 경우

$$(AB)(B^{-1}A^{-1})=A(BB^{-1})A^{-1}=AEA^{-1}=(AE)A^{-1}$$
$$=AA^{-1}=E$$

두 행렬의 곱이 E가 되면 서로 역행렬 관계에 있다는 사실을 이용합시다.

AB와 $B^{-1}A^{-1}$는 곱이 E이므로 서로 역행렬의 관계에 있습니다.

그래서 $(AB)^{-1}=B^{-1}A^{-1}$

④ $(A^m)^{-1}=(AAA\times\cdots\times AA)^{-1}$

$$=A^{-1}A^{-1}A^{-1}\times\cdots\times A^{-1}=(A^{-1})^m$$

(단, A와 A^{-1}의 개수는 각각 m개다.)

⑤ $AX=B$에서 양변의 왼쪽에 각각 A^{-1}을 곱합니다.

$A^{-1}AX=A^{-1}B,\ (A^{-1}A)X=A^{-1}B,\ EX=A^{-1}B$

$\therefore X=A^{-1}B$

$XA=B$의 경우도 양변의 오른쪽에 각각 A^{-1}을 곱해보면 $X=BA^{-1}$이 됩니다.

⑥ $(kA)\left(\dfrac{1}{k}A^{-1}\right)=\left(k\times\dfrac{1}{k}\right)\times AA^{-1}=AA^{-1}=E$, kA와

$\dfrac{1}{k}A^{-1}$의 곱이 E가 되어 서로 역행렬의 관계가 있으므로

$(kA)^{-1} = \dfrac{1}{k} A^{-1}$의 성질을 갖게 됩니다.

행렬 $A = \begin{pmatrix} 2 & 3 \\ -1 & 4 \end{pmatrix}$, $B = \begin{pmatrix} 2 & -3 \\ 7 & 9 \end{pmatrix}$일 때, 행렬 $B^{-1}(AB^{-1})^{-1}$을 계산해봅시다.

먼저 역행렬의 성질 $(AB)^{-1} = B^{-1}A^{-1}$와 $AE = A$을 적용하면 $(AB^{-1})^{-1} = BA^{-1}$이 됩니다.

$$B^{-1}(AB^{-1})^{-1} = B^{-1}(BA^{-1}) = (B^{-1}B)A^{-1} = EA^{-1} = A^{-1}$$

결론적으로 이 문제는 A^{-1}을 구하면 되는 겁니다. B는 들러리에 불과하죠. $D = ad - bc = 2 \times 4 - 3 \times (-1) = 11$이므로

$$\therefore A^{-1} = \dfrac{1}{11}\begin{pmatrix} 4 & -3 \\ 1 & 2 \end{pmatrix}$$

$A = 2\begin{pmatrix} -3 & -1 \\ 2 & 2 \end{pmatrix}$의 역행렬을 구해봅시다.

두 가지 방법을 써보려 합니다. 잘 비교해보세요.

개념 $(kA)^{-1} = \dfrac{1}{k} A^{-1}$ (단, $k \neq 0$)을 이해할 수 있는 문제입니다.

제 1 방법 : $A = 2\begin{pmatrix} -3 & -1 \\ 2 & 2 \end{pmatrix} = \begin{pmatrix} -6 & -2 \\ 4 & 4 \end{pmatrix}$ 에서

$$D = (-6) \times 4 - (-2) \times 4 = -16$$

$$A^{-1} = \frac{1}{-16}\begin{pmatrix} 4 & 2 \\ -4 & -6 \end{pmatrix} = 2 \times \frac{1}{-16}\begin{pmatrix} 2 & 1 \\ -2 & -3 \end{pmatrix}$$

$$= -\frac{1}{8}\begin{pmatrix} 2 & 1 \\ -2 & -3 \end{pmatrix}$$

제 2 방법 : $(kA)^{-1} = \dfrac{1}{k} A^{-1}$을 이용하면

$$A^{-1} = \frac{1}{2}\begin{pmatrix} -3 & -1 \\ 2 & 2 \end{pmatrix}^{-1} = \frac{1}{2} \times \frac{1}{-4}\begin{pmatrix} 2 & 1 \\ -2 & -3 \end{pmatrix}$$

$$= -\frac{1}{8}\begin{pmatrix} 2 & 1 \\ -2 & -3 \end{pmatrix}$$

$A=\begin{pmatrix} 3 & 2 \\ 4 & 3 \end{pmatrix}$, $B=\begin{pmatrix} 4 & 3 \\ 2 & 1 \end{pmatrix}$에 대하여 $AX=B$일 때 행렬 X를 구해 봅시다.

행렬 A에서 $D=3\times3-2\times4=1\neq0$이므로 A^{-1}이 존재합니다.

앞에서 정리해본 내용 $AX=B \Rightarrow X=A^{-1}B$임을 이용해봅시다.

$A^{-1}=\dfrac{1}{1}\begin{pmatrix} 3 & -2 \\ -4 & 3 \end{pmatrix}$이므로

$$X=\begin{pmatrix} 3 & -2 \\ -4 & 3 \end{pmatrix}\begin{pmatrix} 4 & 3 \\ 2 & 1 \end{pmatrix}=\begin{pmatrix} 8 & 7 \\ -10 & -9 \end{pmatrix}$$

이차 정사각행렬 A가 역행렬 A^{-1}이 존재하고 $A+A^{-1}=E$가 성립할 때 A^2의 역행렬로 볼 수 있는 것은 어떤 것인지 찾아봅시다.

① A　　　② $-A$　　　③ A^3　　　④ $-A^3$　　　⑤ A^6

$A+A^{-1}=E$의 양변에 A를 곱하여 변형을 해봅시다.

$A(A+A^{-1})=AE$, $A^2+AA^{-1}=AE$ 정리하면

$A^2+E=A$, $A^2-A+E=O$ $\leftarrow$ $AA^{-1}=E$, $AE=A$의 성질 이용!

$A^2-A+E=O$의 양변에 다시 $A+E$를 곱해서 정리해봅시다.

$(A+E)(A^2-A+E)=(A+E)O$,

$A^3-A^2+AE+EA^2-EA+E^2=O$

정리하면 $A^3-A^2+A+A^2-A+E=O$

결국 $A^3=-E$가 됩니다.

앞에서 공부한 내용! 역행렬의 정의가 뭐죠? $AX=E$일 때 $X=A^{-1}$이라 했죠?

이것을 활용해보면,

$$A^3 = -E,\ -A^3 = E,\ A^2(-A) = E\text{가 되니까 } (A^2)^{-1} = -A$$

정답 : ②

$(A+E)^2 = A$를 만족시키는 이차정사각행렬 A와 행렬 $\begin{pmatrix} p \\ q \end{pmatrix}$에 대하여, $(A+A^{-1})\begin{pmatrix} p \\ q \end{pmatrix} = \begin{pmatrix} 3 \\ -7 \end{pmatrix}$이 성립할 때, p^2+q^2의 값을 구하세요. (단, E는 단위행렬)

$(A+E)^2 = A$에서 $A^2 + 2AE + E^2 = A$, $A^2 + 2AE + E^2 = A$

정리하면 $A^2 + A + E = O$, 양변에 A^{-1}을 곱합니다.

$A^{-1} \cdot (A^2 + A + E) = A^{-1} \cdot O$

$AA^{-1} = A^{-1}A = E$인 것과 분배법칙을 적용해서 정리!

$A + E + A^{-1} = O$가 되며, $A + A^{-1} = -E$

이제 이 등식의 양변에 행렬 $\begin{pmatrix} p \\ q \end{pmatrix}$를 곱하면,

$$(A+A^{-1})\begin{pmatrix} p \\ q \end{pmatrix} = -E\begin{pmatrix} p \\ q \end{pmatrix} = -\begin{pmatrix} p \\ q \end{pmatrix} = \begin{pmatrix} -p \\ -q \end{pmatrix}\text{가 됩니다.}$$

그래서 $-p=3, -q=-7$이 되어

$p=-3, q=7$

$p^2+q^2=9+49=58$ 정답 : **58**

역행렬과 연립방정식

방정식 편에서 이미 1차 연립방정식에 대해서 공부했었죠?

$ax+by=p \cdots ①$ $cx+dy=q \cdots ②$에서

㉠ 1쌍의 근을 가질 조건 : $\dfrac{a}{c} \neq \dfrac{b}{d} \iff ad-bc \neq 0$

㉡ 부정(근이 무수히 많음) 조건 :

$$\dfrac{a}{c}=\dfrac{b}{d}=\dfrac{p}{q} \iff ad-bc=0, \ bq=dp$$

㉢ 불능(근이 없음) 조건 :

$$\dfrac{a}{c}=\dfrac{b}{d}\neq\dfrac{p}{q} \iff ad-bc=0, \ bq\neq dp$$

그런데 이 연립방정식은 행렬의 곱셈으로 표시 가능하기 때문에 행렬을 통해서 근을 구할 수도 있습니다.

$$\begin{cases} ax+by=p \\ cx+dy=q \end{cases} \iff \begin{pmatrix} a & b \\ c & d \end{pmatrix}\begin{pmatrix} x \\ y \end{pmatrix}=\begin{pmatrix} p \\ q \end{pmatrix}$$

i) $ad-bc\neq 0$일 때(즉, 역행렬 존재)　← 위의 ㉠의 경우와 같은 경우

$$\begin{pmatrix} x \\ y \end{pmatrix} = \begin{pmatrix} a & b \\ c & d \end{pmatrix}^{-1} \begin{pmatrix} p \\ q \end{pmatrix} = \begin{pmatrix} \triangle \\ \bigcirc \end{pmatrix}$$ 가 되어 1쌍의 근을 갖습니다.

ii) $ad-bc=0$일 때(즉, 역행렬 존재 안함)

부정 또는 불능이 됩니다.   ⌐ 위의 ⓛⓒ의 경우와 같은 경우

이제 예를 들어봅시다.

$$\begin{cases} 4x+y=13 \\ 3x-2y=-4 \end{cases}$$ 의 근 x,y값을 구해봅시다.

연립방정식으로 풀면 $4x+y=13 \cdots ①$

$$3x-2y=-4 \cdots ②$$

$① \times 2 + ② : 11x=22,\ x=2$이며 ①에 대입하면 $y=5$

이제 행렬을 이용해서 해를 구해봅시다.

$$\begin{cases} 4x+y=13 \\ 3x-2y=-4 \end{cases} \Rightarrow \begin{pmatrix} 4 & 1 \\ 3 & -2 \end{pmatrix}\begin{pmatrix} x \\ y \end{pmatrix} = \begin{pmatrix} 13 \\ -4 \end{pmatrix},$$

역행렬의 성질 $AX=B \Rightarrow X=A^{-1}B$을 이용합시다.

$D=ad-bc=4\times(-2)-1\times3=-11$이므로

$$\begin{pmatrix} x \\ y \end{pmatrix} = \begin{pmatrix} 4 & 1 \\ 3 & -2 \end{pmatrix}^{-1}\begin{pmatrix} 13 \\ -4 \end{pmatrix} = -\frac{1}{11}\begin{pmatrix} -2 & -1 \\ -3 & 4 \end{pmatrix}\begin{pmatrix} 13 \\ -4 \end{pmatrix}$$

$$= -\frac{1}{11}\begin{pmatrix} -22 \\ -55 \end{pmatrix} = \begin{pmatrix} 2 \\ 5 \end{pmatrix} \quad \therefore\ x=2,\ y=5$$

또 한 가지 정리할 게 있습니다.

$$\begin{cases} ax+by=0 \\ cx+dy=0 \end{cases} \Rightarrow \begin{pmatrix} a & b \\ c & d \end{pmatrix}\begin{pmatrix} x \\ y \end{pmatrix}=\begin{pmatrix} 0 \\ 0 \end{pmatrix}$$

이 방정식을 $y=-\dfrac{a}{b}x,\ y=-\dfrac{c}{d}x$로 바꾸면 직선식의 모양이 되죠?

그래프와 방정식의 근의 관계는 앞에서 이미 공부했었죠?

두 그래프가 만나는 점의 좌표가 근이 된다는 것과 만나는 점의 개수가 실근의 개수라는 것을 기억하죠? 여기서 적용해봅시다.

두 직선 모두 원점을 지나가는 직선, 만일 기울기가 다르다면 두 직선에서 원점$(0,0)$에서 한 번만 만나겠죠?

즉, $-\dfrac{a}{b}\neq-\dfrac{c}{d}$ (즉 $ad\neq bc$)일 때 두 직선은 원점$(0,0)$에서 한 번 만납니다. 그러므로 $ad\neq bc$, 즉 $ad-bc\neq0$일 때

$x=0, y=0$인 한 개의 근을 갖는 것과 같은 의미입니다.

또 두 직선이 서로 일치하는 경우를 생각해봅시다. 원점을 함께 지나므로 기울기만 같으면 일치하죠.

$ad=bc$ (즉, $ad-bc=0$)인 경우입니다.

이 경우는 두 직선이 $(0,0)$은 반드시 지나기 때문에 원점 이외의 무수히 많은 점에서 만난다고 볼 수 있겠죠? 바꾸어 말하면 방정식의 관점에서 $x=0, y=0$ 이외의 근이 무수히 많이 존재한다는 뜻입니다. 그런데 두 직선이 만나지 않는 경우가 있

을까요? 결코 없습니다. 함께 원점을 지나기 때문입니다. 그래서 여기서는 불능(근이 없음)의 경우는 없다는 사실이 또한 중요합니다. 이 내용들을 참고해서 아래의 핵심포인트 내용을 확인해보세요. 분명히 이해가 될 것입니다.

핵심포인트　　　**역행렬과 연립방정식**

① $\begin{cases} ax+by=p \\ cx+dy=q \end{cases} \iff \begin{pmatrix} a & b \\ c & d \end{pmatrix}\begin{pmatrix} x \\ y \end{pmatrix} = \begin{pmatrix} p \\ q \end{pmatrix}$

　i) $D=ad-bc \neq 0$일 때(즉, 역행렬 존재) :

　　한 쌍의 근을 갖습니다.

　　$\begin{pmatrix} x \\ y \end{pmatrix} = \begin{pmatrix} a & b \\ c & d \end{pmatrix}^{-1}\begin{pmatrix} p \\ q \end{pmatrix} = \begin{pmatrix} \triangle \\ \bigcirc \end{pmatrix}$ 즉, $x=\triangle, y=\bigcirc$

　ii) $D=ad-bc = 0$일 때(즉, 역행렬 존재 안 함) :

　　부정 또는 불능

② $\begin{cases} ax+by=0 \\ cx+dy=0 \end{cases} \Rightarrow \begin{pmatrix} a & b \\ c & d \end{pmatrix}\begin{pmatrix} x \\ y \end{pmatrix} = \begin{pmatrix} 0 \\ 0 \end{pmatrix}$

　i) $D=ad-bc \neq 0$일 때(역행렬 존재) :

　　한 쌍의 근을 갖습니다.

　　$\begin{pmatrix} x \\ y \end{pmatrix} = \begin{pmatrix} a & b \\ c & d \end{pmatrix}^{-1}\begin{pmatrix} 0 \\ 0 \end{pmatrix} = \begin{pmatrix} 0 \\ 0 \end{pmatrix}$

　　근은 $x=0, y=0$가 됩니다.

　ii) $D=ad-bc = 0$일 때(역행렬 존재 안함) : 부정(불

능의 경우는 없음)

이 경우 부정의 표현 방법을 기억해둡시다.

ⓐ $x=0, y=0$ 이외의 근이 존재

ⓑ $xy \neq 0$인 근이 존재

ⓒ $\begin{pmatrix} x \\ y \end{pmatrix} \neq \begin{pmatrix} 0 \\ 0 \end{pmatrix}$인 근이 존재

ⓓ 적어도 2개의 근이 존재

다음 연립방정식을 행렬을 이용해서 구해봅시다.

(1) $\begin{cases} 5x+2y=11 \\ 3x+y=6 \end{cases}$
(2) $\begin{cases} 2x+3y=1 \\ 4x+6y=2 \end{cases}$

(3) $\begin{cases} x-2y=3 \\ 2x-4y=5 \end{cases}$

(1) 행렬로 바꿉시다. $\begin{pmatrix} 5 & 2 \\ 3 & 1 \end{pmatrix}\begin{pmatrix} x \\ y \end{pmatrix}=\begin{pmatrix} 11 \\ 6 \end{pmatrix}$ 먼저 역행렬이

존재하는지 확인하죠.

$D=ad-bc=5\times1-2\times3=-1\neq0$ 역행렬 존재,

역행렬의 성질 $AX=B \Rightarrow X=A^{-1}B$을 이용하면

$$\begin{pmatrix} x \\ y \end{pmatrix}=\begin{pmatrix} 5 & 2 \\ 3 & 1 \end{pmatrix}^{-1}\begin{pmatrix} 11 \\ 6 \end{pmatrix}=\frac{1}{-1}\begin{pmatrix} 1 & -2 \\ -3 & 5 \end{pmatrix}\begin{pmatrix} 11 \\ 6 \end{pmatrix}$$

$$=-\begin{pmatrix} -1 \\ -3 \end{pmatrix}=\begin{pmatrix} 1 \\ 3 \end{pmatrix}, \quad \therefore \boldsymbol{x=1, y=3}$$

(2) 행렬로 $\begin{pmatrix} 2 & 3 \\ 4 & 6 \end{pmatrix}\begin{pmatrix} x \\ y \end{pmatrix}=\begin{pmatrix} 1 \\ 2 \end{pmatrix}, D=ad-bc=2\times6-3\times4=0,$

그러므로 부정 또는 불능이 되겠죠?

그런데 $\dfrac{2}{4}=\dfrac{3}{6}=\dfrac{1}{2}$가 성립해요. $\therefore$ 부정

(3) 행렬로 $\begin{pmatrix} 1 & -2 \\ 2 & -4 \end{pmatrix}\begin{pmatrix} x \\ y \end{pmatrix}=\begin{pmatrix} 3 \\ 5 \end{pmatrix},$

$D=ad-bc=1\times(-4)-(-2)\times2=0$

그러므로 부정 또는 불능입니다.

그런데 $\dfrac{1}{2}=\dfrac{-2}{-4}\neq\dfrac{3}{5}$가 성립해요. $\therefore$ 불능

연립방정식 $\begin{pmatrix} k & k \\ 1 & 1 \end{pmatrix}\begin{pmatrix} x \\ y \end{pmatrix} = \begin{pmatrix} 1 & -1 \\ -1 & -k \end{pmatrix}\begin{pmatrix} x \\ y \end{pmatrix}$ 의 해 중에서 $xy < 0$을 만족하는 실수 k값을 구해봅시다.

왼쪽으로 모두 이항하여 정리하면

$$\begin{pmatrix} k & k \\ 1 & 1 \end{pmatrix}\begin{pmatrix} x \\ y \end{pmatrix} - \begin{pmatrix} 1 & -1 \\ -1 & -k \end{pmatrix}\begin{pmatrix} x \\ y \end{pmatrix} = \begin{pmatrix} 0 \\ 0 \end{pmatrix},$$

$$\left\{ \begin{pmatrix} k & k \\ 1 & 1 \end{pmatrix} - \begin{pmatrix} 1 & -1 \\ -1 & -k \end{pmatrix} \right\} \begin{pmatrix} x \\ y \end{pmatrix} = \begin{pmatrix} 0 \\ 0 \end{pmatrix}$$

다시 정리 $\begin{pmatrix} k-1 & k+1 \\ 2 & k+1 \end{pmatrix}\begin{pmatrix} x \\ y \end{pmatrix} = \begin{pmatrix} 0 \\ 0 \end{pmatrix} \cdots ①$

$xy < 0$인 해를 가져야 한다는 게 뭘까요?

x, y가 서로 다른 부호의 해를 갖는다는 말이죠?

그러니까 $x \neq 0,\ y \neq 0$인 해를 갖는 것이잖아요. 그래서 '부정'의 경우입니다.

따라서 역행렬을 갖지 않아야겠죠?

$$D = (k-1)(k+1) - 2(k+1)$$

$=k^2-2k-3=(k+1)(k-3)=0$, $k=-1,3$이 되죠.

이제 확인 작업을 해야 합니다. x, y의 부호가 다른 해를
가져야 하니까요.

i) $k=-1$일 때, ①에서 $(k-1)x+(k+1)y=0$,

$2x+(k+1)y=0$의 관계가 나오지요?

이 두 식에 $k=-1$을 대입해보면 $x=0$이라는 같은 결
과가 나옵니다.

이 결과는 $xy<0$라는 조건에 모순되니까 답이 될 수 없
습니다.

ii) $k=3$일 때, $(k-1)x+(k+1)y=0$, $2x+(k+1)y=0$
에 대입해보면,

$2x+4y=0$라는 같은 결과가 나오죠? 이 경우가 성립하
려면 x, y 부호가 달라야 합니다.

그래서 답이 되는 겁니다. 정답 : $\boldsymbol{k=3}$

연립 방정식 $\begin{pmatrix} 1 & 3 \\ 4 & 2 \end{pmatrix}\begin{pmatrix} x \\ y \end{pmatrix} = k\begin{pmatrix} x \\ y \end{pmatrix}$ 가 $x=0$, $y=0$ 이외의 해를 갖는다고 했을 때 실수 k의 값을 구해봅시다.

행렬의 곱셈법을 활용하면 $\begin{pmatrix} 1 & 3 \\ 4 & 2 \end{pmatrix}\begin{pmatrix} x \\ y \end{pmatrix} = \begin{pmatrix} x+3y \\ 4x+2y \end{pmatrix}$ 이고 $k\begin{pmatrix} x \\ y \end{pmatrix} = \begin{pmatrix} kx \\ ky \end{pmatrix}$ 이므로

$\begin{pmatrix} x+3y \\ 4x+2y \end{pmatrix} = \begin{pmatrix} kx \\ ky \end{pmatrix}$ 의 관계가 성립합니다.

$x+3y=kx$, $4x+2y=ky$ 가 되며 이를 다시 정리하면 다음과 같겠지요.

$$\begin{cases} (1-k)x+3y=0 \\ 4x+(2-k)y=0 \end{cases} \iff \begin{pmatrix} 1-k & 3 \\ 4 & 2-k \end{pmatrix}\begin{pmatrix} x \\ y \end{pmatrix} = \begin{pmatrix} 0 \\ 0 \end{pmatrix}$$

$x=0$, $y=0$ 이외의 해를 가지므로 부정의 경우이므로 역행렬이 존재 하지 않아야 합니다.

$$D=(1-k)(2-k)-3\times4=k^2-3k-10$$
$$=(k+2)(k-5)=0$$
$$\therefore \boldsymbol{k=-2} \text{ 또는 } \boldsymbol{5}$$

성경에 나온 π의 비밀!

원주율 π의 값은 초등학교만 나왔어도 근사치는 알고 있습니다. 대개는 3.14로, 좀 더 안다면 3.14159 정도! 원주율이란 '원둘레 길이를 지름으로 나눈 값' 즉, '지름에 대한 원둘레 길이의 비'를 말하는 거죠. 이 π값을 구하지 않았다면 원둘레의 길이를 구할 수 없습니다. 물론 직선으로 펴서 계산하면 근사치는 나오겠지만요. 그럼 이 원주율은 어떻게 계산할 수 있었을까?

그리스의 수학자 아르키메데스는 원의 안쪽, 바깥쪽으로 접하는 정육각형을 그려서 정육각형의 둘레를 계산해서 원둘레 길이의 근사치를 계산했습니다. 점점 각의 수를 많게 하면 그 다각형의 둘레 길이가 원둘레에 가까워진다는 사실을 이용해서 96각형까지 도달했고 그가 계산한 값은 $3\frac{10}{71} < \pi < 3\frac{1}{7}$, 즉 $3.140845\cdots < \pi < 3.14285714\cdots$이 되었다고 합니다. 지금까지 π의 계산에 심혈을 기울인 사람은 수도 없이 많습니다. 지금까지의 기록은 일본 도쿄대학의 '야주마자 카나다'가 보유한 2억 600만 개의 수로 된 π이랍니다.

성경 '역대하 4장 2절'에서는 이미 π값을 말하고 있습니다.

"…또 바다(물을 담는 통)를 (놋으로)부어 만들었으니 그 직경(지름)이 10규빗이요. 그 모양이 둥글고(원)…주위(원둘레)는 30규빗 줄을 두를 만하며…"(참고 : 1규빗은 약 50cm)

지름이 10이고, 원둘레가 30이니까 원주율 $\pi = \dfrac{30}{10} = 3$임을 말하고 있는 것입니다. '두를 만하다' 란 표현을 썼기 때문에 정확한 수치를 밝히지 않고 근사치로 말한 것을 보면 완전한 π값을 이미 알고 있었다는 것으로도 볼 수 있겠죠. 성경이 보여주는 과학의 한 부분입니다.

Part 03

우리의 삶에서 분리될 수 없는 수열의 세계!

- 규칙 속에서 움직이는 수열의 세계
- 다양한 형태의 또 다른 수열들

규칙 속에서 움직이는 수열의 세계

　내가 중·고등학교를 다닐 때는 선생님께서 학생들에게 질문을 할 경우 그날이 1일이면 1, 11, 21, 31 등의 번호를 가진 학생에게 칠판에 나와서 문제를 풀게 했어요. 그날이 며칠인가에 따라 반학생들은 긴장하기 시작했죠. 어떨 때는 전격적으로 2, 6, 10, 14, 18, …처럼 4씩 더한 번호로 학생들을 불러내는가 하면 어떨 땐 1, 2, 4, 8, 16, 32, …처럼 2를 곱한 번호로 불러낼 때도 있었습니다. 또 지리담당 선생님께서는 객관식 문제의 정답을 일정한 규칙을 갖게 배치해둬 100점이 수두룩할 때도 있었죠. 1, 2, 3, 4, 4, 3, 2, 1, 1, 2, 3, 4, …와 같이 말이죠.

　그런데 선생님께서 학생들의 번호를 불러낸 걸 보면 같은 숫자를 더하면서 만든 수의 배열도 있었고 같은 수를 곱하면서 만든 것도 있었습니다. 이렇게 일정한 규칙을 가진 수의 배열을 **수열**이라고 합니다. 그리고 같은 수를 더해나가면서 만들어지는 수열을 **등차수열**이라고 해요. 왜냐하면 같은 수를 더해간다는 것은 항과 항의 차이가 같다는 뜻이기 때문이죠. 같은 수를 곱하면서 이루어지는 수열을 **등비수열**, 즉 항의 비가 같은 수열이라는 뜻입니다.

배열의 규칙성을 찾아야 보이는 결과들

등차수열의 성질을 알아보자!

수열 $a_1, a_2, a_3, a_4, \cdots, a_n$을 표기할 때 수열 $\{a_n\}$로 흔히 표기하죠.

여기서 a_1은 **첫 번째 항**이라 하고, 전체 수열을 대표하는 제 n항, 즉 a_n을 **일반항**이라 합니다. 그리고 등차수열(*Arithmetic Progression/A.P*)을 영문 이니셜을 따서 $A.P$로 표현할 때가 많다는 사실도 알아둬야 해요.

$$a_1, \quad a_2, \quad a_3, \quad a_4, \quad \cdots, \quad a_n$$
$$a, \quad a+d, \quad a+2d, \quad a+3d, \quad \cdots, \quad a+(n-1)d$$

위의 수열은 같은 수 d를 더해가죠? 바꿔 말하면 항의 차가 모두 d가 된다는 말이죠.즉, $a_2-a_1=a_3-a_2=a_4-a_3=\cdots=d$

이 경우의 d를 **공차**라 합니다. 이것은 항과 항 사이의 공통적인 차($common\ difference$)에서 $difference$의 이니셜입니다.

또 일반항 a_n은 $\boldsymbol{a_n = a + (n-1)d}$임을 반드시 기억해야 해요.

수열 $1, 3, 5, 7, 9, \cdots$을 생각해봅시다.

첫 번째 항 $a=1$, 같은 수 2를 더해가는 수열, 즉 공차 $d=2$인 등차수열입니다. 공식 $a_n = a + (n-1)d$을 이용해서 일반항 $a_n = 1 + (n-1) \times 2 = 2n - 1$을 구할 수 있죠.

또 한 예를 든다면 이 수열에서 579는 몇 번째 항일까요?

하나하나 적어보면 되겠지만 시간이 오래 걸리겠죠? 이때는 n항이 579라 생각하고 n을 구하면 됩니다.

$a_n = 2n - 1 = 579$, $2n = 580$, $n = 290$ 즉, 290번째 항이 되는 거죠.

핵심포인트   **등차수열($A.P$)의 성질**

① 일반항 : $a_n = a + (n-1)d$

    (단, a : 첫 번째 항, d : 공차, n : 항 번호)

② 공차 $d = a_2 - a_1 = a_3 - a_2 = a_4 - a_3 = \cdots = a_{n+1} - a_n$

③ $a, x, b : A.P \iff 2x = a + b \iff x = \dfrac{a+b}{2}$

    (x를 a, b의 등차중항이라 합니다)

④ 등차수열을 표현하는 이웃항 사이의 관계식(점화식)

    i) $a_{n+1}-a_n=d$(상수) : 공차 d인 등차수열을 의미

      합니다.

    ii) $2a_{n+1}=a_n+a_{n+2}$: 등차중항의 성질과 연관지어

      봅시다.

③번의 내용을 정리해봅시다.

a, x, b가 등차수열을 이룬다면 공차는 어떻게 구하죠? 뒷항에서 바로 앞항을 뺀 것!

즉, $x-a$와 $b-x$는 같은 공차겠죠?

그래서 $x-a=b-x$, $2x=a+b$, $x=\dfrac{a+b}{2}$ 이 때 x를 a, b의 등차중항이라 합니다.

또 등차중항의 성질을 이용한다면 수열 $a_1, a_2, \cdots, a_n, a_{n+1}, a_{n+2}, \cdots$ 에서

$2a_{n+1}=a_n+a_{n+2}$의 관계가 성립함을 알겠죠? 이것이 ④번의 ii)번의 내용입니다.

또 ②번의 내용을 요약해서 정리하면 $a_{n+1}-a_n=d$ (상수)가 되죠. 무슨 뜻일까요? 바로 공차 d인 등차수열이란 뜻입니다. 이것이 ④번의 i)번의 내용입니다.

등차중항 관계를 아래 수열로 확인해봐요.

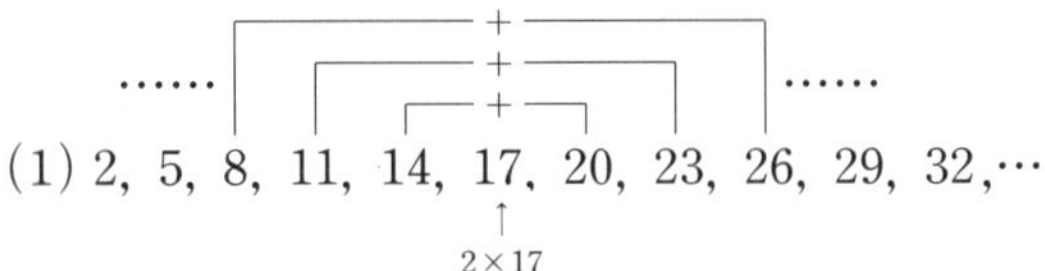

17을 등차중항으로 할 때, $2 \times 17 = 14 + 20 = 11 + 23 = 8 + 26 = 5 + 29 = \cdots$의 관계가 성립합니다.

20을 등차중항으로 할 때, $2 \times 20 = 17 + 23 = 14 + 26 = 11 + 29 = \cdots$의 관계도 성립합니다.

A	B	A+B
a	$a+(n-1)d$	$2a+(n-1)d$
$a+d$	$a+(n-2)d$	$2a+(n-1)d$
$a+2d$	$a+(n-3)d$	$2a+(n-1)d$
$\cdots$	$\cdots$	$\cdots$
$a+(n-1)d$	a	$2a+(n-1)d$

위의 표에서 확인할 수 있듯이 A의 경우는 위에서 아래쪽으로 공차 d인 등차수열을 이루고 B의 경우는 밑에서 위쪽으로

공차 d이 등차수열을 이루죠. 또 $A+B$의 경우는 모두 같이 $2a+(n-1)d$입니다. 가우스 소년도 결국 이 방법을 쓴 것입니다.

$$\begin{aligned}
S_n &= a \quad + \quad (a+d) \quad + \quad (a+2d) \quad +\cdots+\{a+(n-1)d\} \\
+\quad S_n &= \{a+(n-1)d\}+\{a+(n-2)d\}+\{a+(n-3)d\}+\cdots+ \quad a \\
\hline
2S_n &= \{2a+(n-1)d\}+\{2a+(n-1)d\}+\{2a+(n-1)d\}+\cdots+\{2a+(n-1)d\}
\end{aligned}$$

항의 개수가 n개 이므로 $\{2a+(n-1)d\}$이 n개 더해지겠죠?

$$2S_n=n\{2a+(n-1)d\} \;\Rightarrow\; \boldsymbol{S_n=\frac{n\{2a+(n-1)d\}}{2}}$$ 라는 공식이 만들어집니다.

이 공식을 변형을 하면,

$$S_n=\frac{n\{2a+(n-1)d\}}{2}=\frac{n\{a+a+(n-1)d\}}{2}=\boldsymbol{\frac{n(a+l)}{2}}$$

(단, $a+(n-1)d=l$은 끝항(末項))

핵심포인트 **등차수열(A·P)의 합**

첫 번째 항 a, 공차 d, 항의 개수 n인 등차수열의 합 (S_n) 구하는 공식

$$① \ S_n = \frac{n\{2a+(n-1)d\}}{2}$$

$$② \ S_n = \frac{n(a+l)}{2} \quad (단, \ l : 끝항)$$

자, 이제 연습을 해봅시다.

$1+2+3+\cdots+n=?$

$a=1, \ d=1$, 항의 개수 : n이므로

$$S_n = \frac{n\{2a+(n-1)d\}}{2} = \frac{n\{2\times1+(n-1)\times1\}}{2} = \frac{n(n+1)}{2}$$

또 다른 방법으로 계산해봅시다.

$a=1, \ l(끝항)=n$, 항의 개수 : n이므로

$$S_n = \frac{n(a+l)}{2} = \frac{n(n+1)}{2}$$

$$\therefore \ 1+2+3+\cdots+n = \frac{n(n+1)}{2}$$

$1+3+5+7+\cdots+(2n-1)=?$

이 수열은 첫 번째 항 1, 공차 2인 등차수열이죠. 그런데 일반항을 먼저 구해봐요.

$a=1, \ d=2$이므로

$$a_n = a+(n-1)d = 1+(n-1)\times2 = 2n-1$$

그러므로 $2n-1$이 제 n 항이라는 걸 알았죠? 그러므로 항의 개수는 n개입니다.

두 가지 합의 공식을 적용해봅시다.

$$S_n = \frac{n\{2a+(n-1)d\}}{2} = \frac{n\{2\times 1+(n-1)\times 2\}}{2}$$

$$= \frac{n(2n)}{2} = n^2$$

$l(\text{끝항}) = 2n-1$이므로

$$S_n = \frac{n(a+l)}{2} = \frac{n\{1+(2n-1)\}}{2} = \frac{n(2n)}{2} = n^2$$

$$\therefore 1+3+5+7+\cdots+(2n-1) = n^2$$

$$2+4+6+\cdots+2n = ?$$

$a=2, d=2$, 먼저 일반항을 구해봅시다.

$a_n = a+(n-1)d = 2+(n-1)\times 2 = 2n$, 그러므로 $2n$이 이 수열의 n번 째 항이죠.

그러므로 항의 개수는 n개. 특히 $l(\text{끝항})=2n$이므로

$$S_n = \frac{n(a+l)}{2} = \frac{n(2+2n)}{2} = \frac{2n(n+1)}{2} = n(n+1)$$

$$\therefore 2+4+6+\cdots+2n = n(n+1)$$

① $S_n=1+2+3+\cdots+n=\dfrac{n(n+1)}{2}$

② $S_n=1+3+5+7+\cdots+(2n-1)=n^2$

③ $S_n=2+4+6+\cdots+2n=n(n+1)$

위의 결과를 외워두면 무지 편리해요.

예를 들면,

$1+2+3+\cdots+100=\dfrac{100(100+1)}{2}=5050$

$1+3+5+7+\cdots+99$의 합은?

$a_n=2n-1=99,\ n=50$ 즉, 항 개수가 50개

$1+3+5+7+\cdots+99=50^2=2500$이죠.

$2+4+6+8+\cdots+100$의 합은? $a_n=2n=100,\ n=50,$ 즉,

항 개수가 50개

$2+4+6+8+\cdots+100=50(50+1)=2550$

확인예제 | 01

수열 $\{a_n\}$에서 $a_{10}=10,\ a_{20}=40$인 등차수열에서

(1) 일반항 a_n과 a_{17}을 구해봅시다.

(2) 몇 항부터 양수항이 나올까요?

(3) 몇 항까지의 합이 최소가 될까요? 그 최소값을 구해봅시다.

일반항 $a_n=a+(n-1)d$을 이용해봅시다.

(1) $a_{10}=a+(10-1)d=10,\ a+9d=10 \cdots ①$

$a_{20}=a+(20-1)d=40,\ a+19d=40 \cdots ②$

②－① : $10d=30, d=3, ①$에서 $a=-17$이 돼죠.

$a_n=a+(n-1)d=-17+(n-1)\times3=\mathbf{3n-20}$,

$a_{17}=3\times17-20=\mathbf{31}$

(2) n항부터 양수가 된다고 가정해봅시다.

그래서 $a_n>0$을 만족하는 n의 범위를 찾는 거죠.

$a_n=3n-20>0, n>6.66\cdots\ n$이 정수이므로 $n\geqq7$

즉, **7항부터 양수항이 나옵니다.**

(3) 첫 번째 항부터 6항까지가 음수항이고 7항부터는 양수

항이 나오기 때문에 6항까지의 합이 합의 최소값이 되

겠죠? 그 합을 구해봅시다.

$$S_6=\frac{6\{2\times(-17)+(6-1)\times3\}}{2}=\mathbf{-57}\text{이 됩니다.}$$

수열 $-4, a_1, a_2, a_3, \cdots, a_n, 32$이 등차수열을 이루고 그 합이 182라고 할 때 자연수 n을 구하고 공차를 구해봅시다.

양쪽 2개와 가운데 n개가 있으므로 항의 개수는 $n+2$개죠. 합 공식 중에 뭘 쓰면 좋을까요? 첫 번째 항과 끝항을 아니

$$S_n = \frac{n(a+l)}{2}$$ 이 좋겠죠?

항수가 $n+2$개 이므로 공식의 n자리에 $n+2$를, $a=-4$, $l=32$를 넣으면 됩니다.

$$S = \frac{(n+2)(-4+32)}{2} = 14(n+2) = 182, \, n+2 = 13,$$

$$\boldsymbol{n=11}$$

전체 항의 개수는 13개죠? 그럼 제 13 항이 끝항, 즉 32겠군요.

그런데 13항 구하는 공식은 뭘까요?

$a+12d$. 그래서 $-4+12d=32$, 공차 $\boldsymbol{d=3}$

제 n항이 끝항(l)이라고 가정할 때

즉, $a_n = a + (n-1)d = l$, $\boldsymbol{d = \dfrac{l-a}{n-1}}$ 의 식이 만들어져요.

이걸 기억하면 공차 구할 때 많은 도움을 줍니다. 끝항에서 첫 번째 항을 빼고 항수보다 1작은 수로 나누면 공차가 된다는 사실을 꼭 기억해요! 위의 경우도 이 공식을 써볼까요? 항수 13개이므로 $d = \dfrac{32-(-4)}{13-1} = \boldsymbol{3}$이 나옵니다.

수열이 $\{a_n\}$, $a_1 = 151$, $a_{n+1} = a_n - 3$의 성질을 가질 때, 합의 최대값을 구해봅시다.

$a_{n+1} = a_n - 3$이 관계식을 보고 먼저 어떤 수열이란 걸 파악해야 합니다.

앞에서 공부한 내용 '$a_{n+1} - a_n = d$ (상수) : 공차 d인 등차수열' $a_{n+1} - a_n = -3$로 바꿀 수 있으니까 공차가 -3인 등차

수열입니다.

공차가 음수니까 점점 감소하는 수열이에요.

그런데 첫 번째 항은 양수. 계속 수열이 이어지면 음수항이 나오겠죠?

그 항을 찾아야 해요. 일반항 $a_n = a + (n-1)d$을 이용해 봅시다!

$$a_n = 151 + (n-1)(-3) = -3n + 154 < 0, \, n > 51.33\cdots$$

그런데 n은 정수이므로 $n \geq 52$

즉, 52항부터 음수항이 나와요. 그렇다면 51항까지의 합이 최대가 되겠죠?

합의 최대값은

$$S_{51} = \frac{51\{2 \times 151 + (51-1) \times (-3)\}}{2} = \mathbf{3876}$$

같은 굵기의 전신주 102개를 한 단씩 올릴 때마다 1개씩 줄여서 그림과 같이 쌓기로 했습니다. 가장 아래쪽에 최소한 몇 개를 놓아야 할지 구해봅시다.

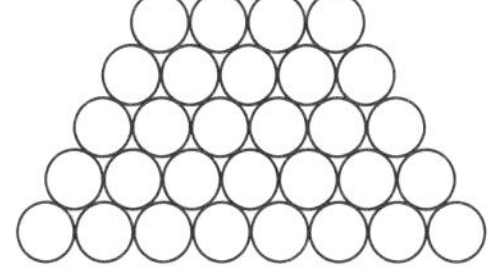

제일 아랫단에 n개를 놓는다고 가정해요. 1개씩 줄여서 쌓는다면 가장 위쪽에 몇 개가 될지 당장은 알 수 없죠. 제일 아래쪽에서부터 위쪽으로 쌓는 숫자가 n, $n-1$, $n-2$, $\cdots$ 그런데 이렇게 쌓아나갈 때 제일 위쪽이 몇 개인지 모르죠. 그래서 제일 위쪽에 1개가 된다고 가정한다면 쌓은 전신주의 전체의 개수는 n, $n-1$, $n-2$, $\cdots$, 3, 2, 1을 모두 더한 수 $1+2+3+\cdots+n=\dfrac{n(n+1)}{2}$이 됩니다.

$n=13$일 때 $\dfrac{n(n+1)}{2}=\dfrac{13\times14}{2}=91$

$n=14$일 때 $\dfrac{n(n+1)}{2}=\dfrac{14\times15}{2}=105$가 되죠. 그러니 $n=13$일 때는 102개를 다 쌓을 수 없잖아요. $n=14$일 때는 105개까지 쌓을 수 있으니까 102개는 쌓을 수 있는 거죠.

물론 $n=15, 16, 17, \cdots$일 때는 더 많이 쌓을 수 있으니까 102개를 쌓을 수 있겠지만 이 문제에서는 가장 작은 n을 구하니까 **14**가 답이 되겠죠. 　　　　　　　　　정답 : **14**

등비수열의 성질을 알아보자

취업을 원하는 사람들이 사원 모집 공고에서 가장 관심을 두는 부분은 어디일까요? 바로 '급여' 일 것입니다. 요즘 한창 인기 있는 P, Q사에서 사원 모집 공고가 같은 날 신문에 큼직하게 났습니다.

P사의 공고문 내용

월급제(단, 1년 이상 근무가능자, 성실하고 정직한 자를 원함)

급여방법 : 첫 달 200만 원, 매월 30만 원씩 증액시켜줌

Q사의 공고문 내용

월급제(단, 1년 이상 근무가능자, 모험심이 강한 자를 원함)

급여방법 : 첫 달 2만 원, 매월 전 달 급여액의 3배씩 지급함

　　　　　단 연봉이 10억을 넘을 때는 재계약 함

올해 대학 졸업을 앞둔 A, B군이 이 공고문을 보고 어딜 지원해 볼까 고민을 합니다. 결국 A군은 급여조건이 훨씬 좋다고 생각한 P사에 지원하기로 했고, B군은 모험심이 강한 자를 원한다는 공고조건이 마음에 들었습니다. 첫 월급이 적더라도 차츰 올라갈 거니까, 급여야 별 문내가 없을 것 같았죠. 그래서 결국 B군은 Q사에 지원했습니다.

A, B 두 친구가 원했던 두 회사에 각각 취업을 했었는데 1년 후의 상황은 어떻게 변했을까요? 두 사람 중 누가 연간 수령액이 더 많았을까요? 이 문제는 등비수열의 합 구하는 공식을 배운 뒤에 따져보기로 합시다.

과연 어떤 수열이 등비수열일까요?

1, 2, 4, 8, 16, 32, …처럼 일정한 수(1)에서 시작해서 같은 수(2)를 곱해나가는 수열을 **'등비수열'**이라 합니다. 영어로는 *Geometric Progression*이죠. 그래서 이니셜을 따서 $G \cdot P$라고 합니다. 즉, **'항과 항사이의 비가 같은 수열'** 이란 뜻이에요.

수열 2, 6, 18, 54, 162, 486, …의 경우는 일정한 수 3을 곱해나가는 등비수열이 되겠죠.

이제 다음 관계를 보고 등비수열의 성질들을 알아볼 차례입니다.

$$\text{수열 } \{a_n\}: \quad a_1, \quad a_2, \quad a_3, \quad a_4, \quad \cdots, \quad a_n$$
$$a, \quad ar, \quad ar^2, \quad ar^3, \quad \cdots, \quad ar^{n-1}$$

a에서 시작해서 같은 수 r을 곱해가죠? 즉, 항과 항 사이의 비가 일정(r)한 수열이라는 것입니다.

위에서 확인할 수 있듯이 $\dfrac{a_2}{a_1}=\dfrac{a_3}{a_2}=\dfrac{a_4}{a_3}=\cdots=\dfrac{a_{n+1}}{a_n}=r \cdots$ ① 의 관계가 성립하죠.

이때의 r을 '**공비**' (항과 항사이의 공통적인 비)라고 합니다.

그리고 일반항 $a_n = a\,r^{n-1}$이라는 것도 기억해야 할 내용이에요.

특히 ①번에서의 $\dfrac{a_{n+1}}{a_n}=r$ 관계를 변형하면 $\boldsymbol{a_{n+1}=ra_n}$

이 관계식은 결국 공비가 r인 등비수열이란 뜻이죠. 예를 들면 $a_{n+1}=3\,a_n$의 관계가 성립한다는 것은 공비가 3인 등비수열이란 얘기입니다. 예를 들어볼게요.

수열 1, 2, 4, 8, 16, 32, $\cdots$은 2를 곱해나가면서 이뤄진 수열이므로 공비가 2인 등비수열. 그렇다면 이 수열을 $a_1=1$, $a_{n+1}=2\,a_n$으로 표현할 수도 있다는 것입니다.

일반항을 구해보면, $a_n = a\,r^{n-1}=1\times 2^{n-1}=2^{n-1}$

a, x, b이 등비수열을 이룬다고 한다면 공비는 어떻게 표현될까요?

$\dfrac{x}{a}$, $\dfrac{b}{x}$ 이 둘 다 공비로서 서로 같겠죠?

$$\dfrac{x}{a}=\dfrac{b}{x} \iff x^2=ab \iff x=\pm\sqrt{ab}$$

이때의 x값을 a, b의 등비중항이라고 해요.

같은 관점에서 수열 $a_1, a_2, \cdots a_n, a_{n+1}, a_{n+2}, \cdots$에서

$(a_{n+1})^2=a_n\,a_{n+2}$의 관계가 성립한다면 등비수열이란 의미겠죠?

이 관계를 앞에서 소개한 등비수열에서 확인해봅시다.

$1, 2, 4, 8, 16, 32, 64, 128, \cdots$에서

16이 등비중항이면 $16^2=8\times32=4\times64=2\times128=\cdots$

위의 설명한 내용들을 요약해서 다시 정리해봅시다.

 **핵심포인트**　**등비수열의 성질**

① 일반항 : $a_n=a\,r^{n-1}$ (단, a : 첫 번째 항, r : 공비, n : 항 번호)

② 공비 $r=\dfrac{a_2}{a_1}=\dfrac{a_3}{a_2}=\dfrac{a_4}{a_3}=\cdots=\dfrac{a_{n+1}}{a_n}$

③ $a, x, b : G.P \iff \dfrac{x}{a}=\dfrac{b}{x} \iff x^2=ab$

$\iff x=\pm\sqrt{ab}$　←x를 a, b의 등비중항(等比中項)이라 함

수열 $a_1, a_2, \cdots, a_n, a_{n+1}, a_{n+2}, \cdots$에서

$(a_{n+1})^2=a_n\times a_{n+2}$의 관계가 성립하면 이 수열은 등

비수열이 됩니다.

④ 등비수열을 표현하는 이웃 항 사이의 관계식(점화식)

   i) $a_{n+1}=r\,a_n$ (단, r은 상수) : 공비 r인 등비수열을 의미합니다.

   ii) $(a_{n+1})^2=a_n\times a_{n+2}$: 등비중항의 성질과 연관지어봅시다.

등비수열의 합은 어떻게 구할까?

이제 등비수열의 합은 어떻게 구할까를 생각해봅시다.

다음의 ①식에 공비 r을 곱한 식이 ②식이에요. ①$-$②에서 합을 유도할 수 있죠.

$$\begin{array}{rl}
& S_n=a + ar + ar^2 + ar^3 + \cdots + ar^{n-1} \qquad\qquad \cdots ① \\
- & rS_n= \quad\ \ ar + ar^2 + ar^3 + \cdots + ar^{n-1} + ar^n \cdots ② \\
\hline
& (1-r)S_n=a \ \cdots\cdots\cdots\cdots\cdots\cdots\cdots\cdots\cdots\cdots\cdots -ar^n
\end{array}$$

위의 계산 결과는 $(1-r)S_n=a-ar^n$

즉, $(1-r)S_n=a(1-r^n)$

$r\neq1$이면 $1-r\neq0$이므로 $S_n=\dfrac{a(1-r^n)}{1-r}$ 분모, 분자를 함께

부호를 바꾸면 식의 값은 변하지 않죠? 그래서 $S_n = \dfrac{a(r^n-1)}{r-1}$ 도 가능한 공식입니다. 계산할 때 음수가 나오면 귀찮은 것 경험했죠? 그래서 $r<1$일 때는 앞쪽 공식, $r>1$일 때는 뒤쪽 공식을 주로 쓰죠. 그러면 $r=1$일 때는 어떻게 될까요? ①에 $r=1$을 대입하면 $S_n = a+a+a+a+\cdots+a = \boldsymbol{na}$ (a를 n개 더하니까요.)

등비수열의 합

첫 번째 항 a, 공비 r, 항수 n개인 등비수열의 n항까지의 합을 S_n이라 할 때,

① $r \neq 1$일 때 $S_n = \dfrac{a(r^n-1)}{r-1}$ (주로 $r>1$일 때 사용)

$\qquad\qquad\quad S_n = \dfrac{a(1-r^n)}{1-r}$ (주로 $r<1$일 때 사용)

② $r=1$ 일 때 $S_n = na$

문제로 확인해볼까요?

$1, 2, 4, 8, 16, \cdots$에서 첫 번째 항부터 100항까지 더해봅시다.

첫 번째 항 $a=1$, 공비 $r=2$, 항수: 100개, $r>1$이므로 공식 $S_n = \dfrac{a(r^n-1)}{r-1}$ 을 쓰면 더 좋아요. $S_{100} = \dfrac{1 \times (2^{100}-1)}{2-1} = 2^{100}-1,$

여기서 2^{100}을 계산한다고 고생하지 말고 그냥 두는 거죠. 무려 31자리나 되니까요. 어떻게 그렇게 빨리 아느냐고요? 상용로그에서 공부했잖아요. $\log 2^{100} = 100 \log 2 = 100 \times 0.3010 = 30.10$이니까 지표가 30. 그러니까 31자리죠.

또 하나, 수열 $1, -\dfrac{1}{3}, \dfrac{1}{9}, -\dfrac{1}{27}, \cdots$에서 100항까지의 합을 구해봅시다.

첫 번째 항 $a=1$, 공비 $r=-\dfrac{1}{3}$, 항수 : 100개. $r<1$이므로 공식 $S_n = \dfrac{a(1-r^n)}{1-r}$을 쓰는 게 더 좋아요.

$$S_{100} = \frac{1 \times \left\{1 - \left(-\dfrac{1}{3}\right)^{100}\right\}}{1 - \left(-\dfrac{1}{3}\right)} = \frac{3}{4}\left\{1 - \left(\dfrac{1}{3}\right)^{100}\right\}$$

등비수열을 처음 공부할 때 사원모집 공고문 봤죠? 두 사람의 연봉이 궁금하지 않아요? 이제 등비수열의 합을 구할 수 있으니 계산을 해보기로 합시다.

사원 채용 공고문을 다시 한 번 봅시다.

A군이 선택한 P사의 1년간의 월급 총액을 구해봅시다.

첫 번째 항이 200만, 공차가 30만, 12개월간의 등차수열의 합을 구하면 되겠죠?

$$S_{12} = \frac{12\{2 \times 200 + (12-1) \times 30\}}{2} = 4380 \text{ (만 원)}$$

B군이 선택한 Q사의 1년간의 월급 총액은 얼마나 될까? 월급이 적다는 것을 인정하고 단지 모험심이 강한 자를 원한다는 것이 마음이 끌려 입사했던 B군. 그의 지금의 월급은 어떨까 궁금하죠? 첫 번째 항은 2만, 매월 전월의 3배씩 인상되므로 공비가 3, 12개월 동안의 등비수열의 합을 구하면 되겠죠?

즉, $S_n = \dfrac{a(r^n - 1)}{r-1}$에서 $a=2$, $r=3$, $n=12$인 경우예요.

$$S_{12} = 2 + 2 \times 3 + 2 \times 3^2 + 2 \times 3^3 + \cdots + 2 \times 3^{11}$$

$$= \frac{2\{3^{12} - 1\}}{3-1} = 3^{12} - 1 = 531440 \text{(만 원)}$$

눈이 의심스럽지 않아요? 53억 1440만 원!

우리는 여기서 등비수열의 위력을 알아야 해요. 처음 시작이 비록 작은 수일지라도 어떤 수를 곱해 나가느냐에 따라서 엄청난 결과의 차이를 가져올 수 있다는 사실을 말이죠! 그래서 A군은 친구 B의 소식을 듣고 배가 아파 밥도 못 먹고 잠도 못자고 꼴이 말이 아니었답니다.

수열 $\{a_n\}$은 $a_2=-6$, $a_5=48$인 등비수열입니다. 이 수열을 첫 번째 항부터 10항까지의 합을 구해봅시다(단, 공비는 실수).

예제풀이 04

$a_n=a\,r^{n-1}$에서 $a_2=ar=-6$ … ① $a_5=ar^4=48$ … ②

②÷① : $r^3=-8=(-2)^3$에서 공비 r이 실수이므로 $r=-2$가 됩니다.

①에서 $-2a=-6$, $a=3$

이제 등비수열의 합 구하는 공식 $S_n=\dfrac{a(1-r^n)}{1-r}$을 쓰면 되겠죠?

$$S_{10}=\frac{3\{1-(-2)^{10}\}}{1-(-2)}=1-2^{10}=\mathbf{-1023}$$

원리합계와 등비수열

우리 친구들한테 한 가지 질문! **원리합계**가 뭘까요? 수학의 모든 원리들을 합해놓은 것이라고 말하는 친구도 있을지 몰라요. 실은 원금과 이자의 합계를 말하는 겁니다. 그럼 **복리법**이

뭔지 아세요? 참 말이 어렵죠? 예를 들어 설명을 해볼게요.

500만 원을 연이율(1년 동안의 이자율) 10%의 복리법으로 3년을 예치하면 3년 후에는 얼마를 받을 수 있을까요?

1년 후의 원리합계 : (원금 500만)＋(이자 500만×0.1＝50만 원)

$$S_1 = 500 + 500 \times 0.1$$
$$= 500(1 + 0.1)(\text{만 원})$$

2년 후의 원리합계 : 2년째 시작할 때의 원금은 위의 S_1이 되겠죠.

$$S_2 = S_1 + S_1 \times 0.1 = S_1(1 + 0.1)$$
$$= \{500(1 + 0.1)\}(1 + 0.1)$$
$$= 500(1 + 0.1)^2 (\text{만 원})$$

3년 후의 원리합계 : 3년 째 시작할 때의 원금은 S_2가 되겠죠?

$$S_3 = S_2 + S_2 \times 0.1 = S_2(1 + 0.1)$$
$$= \{500(1 + 0.1)^2\}(1 + 0.1)$$
$$= 500(1 + 0.1)^3 (\text{만 원})$$

∴ 3년 후의 원리합계는 6,655,000원이 된답니다.

같은 방법으로 n년 후의 원리합계는 $500(1 + 0.1)^n$(만 원)이 되겠죠.

위의 내용에서 보았듯이 복리법은 1년 후의 원리합계가 다

음 해가 시작할 때의 원금이 되고 2년 후의 원리합계가 다시 3년
째의 원금이 되는 것과 같이, 이자도 원금에 포함해 계산하는
방법을 말해요. 현재 은행의 이자계산 방식은 복리법을 쓴다는
것도 알아두세요.

반면에 **단리법**이란 게 있습니다.

만일 원금이 500만 원이고 년 10%의 이율로 단리법을 적용
한다고 해봅시다.

일단 1년 이자가 얼마죠? 50만 원이죠. 2년 후에도 여전히 이
자는 변하지 않습니다. 역시 50만 원입니다. 3년 후도, 4년 후
도 똑같이 매년 50만 원씩이란 얘기죠.

$$1년 후의 원리합계 : 500 + 500 \times 0.1$$
$$= 500(1+0.1) = 550만 원$$
$$2년 후의 원리합계 : 500 + 500 \times 0.1 \times 2$$
$$= 500(1+0.1 \times 2) = 600만 원$$
$$3년 후의 원리합계 : 500 + 500 \times 0.1 \times 3$$
$$= 500(1+0.1 \times 3) = 650만 원$$
$$같은 방법으로 년 \ n후의 원리합계 : 500 + 500 \times 0.1 \times n$$
$$= 500(1+0.1 \times n)만 원$$

원금 A, 이율 r, 기간 n일 때, 원리합계를 S_n이라 할 때,
① 복리법에 의한 계산 : $S_n = A(1+r)^n$이 됩니다.
② 단리법에 의한 계산 : $S_n = A(1+rn)$이 됩니다.

실전문제 | 02

현식이는 방학 동안에 아르바이트를 해서 번 100만 원을 가장 이율이 좋다는 은행에 5년간 정기예금을 해두기로 했어요. 이 은행은 반년마다 복리로 계산해주며 연이율은 10%라고 합니다. 5년 후에 찾을 수 있는 돈은 얼마가 될까 계산해봅시다.

(단, $\log 1.05 = 0.0212$, $\log 1.63 = 0.212$)

1년 동안의 이율이 10%이므로 반년 동안의 이율은 5%가 되고 5년은 반년이 10번이 되죠. 복리법에 의한 원리합계 공식을 써봅시다. $S_n = A(1+r)^n$

원금 A=100만 원, 이율 r=0.05(5%), 기간 n=10이므로

$$S_{10} = 100(1+0.05)^{10} = 100 \times 1.05^{10}$$

이제 앞에서 배웠던 log 실력을 발휘할 때가 되었군요.

이 값을 계산하기 위해서 문제에 주어진 로그 값을 이용해야죠. 양변에 로그를 붙여봐요.

$$\log S_{10} = \log (100 \times 1.05^{10})$$

$$= \log 100 + 10 \log 1.05 = 2 + 10 \times 0.0212 = 2.212$$

그런데 $\log 1.63 = 0.212$이므로 $\log (1.63 \times 10^2) = \log 1.63$ $+ \log 10^2 = 0.212 + 2 = 2.212$가 되겠죠?

결국 $S_{10} = 1.63 \times 10^2 = \textbf{163}$(만 원)이 된답니다.

민수는 150만 원짜리 컴퓨터를 50만 원만 지불하고 나머지 100만 원은 한 달 후부터 6회에 걸쳐 매월 같은 액수로 갚기로 했습니다. 매월 지불할 할부금은 얼마나 될지 계산해봅시다 (단, 매월마다 월이율 5%의 복리로 계산해요. $1.05^6=1.34$로 합시다).

결국 민수는 100만 원을 6개월간 빚을 진 셈이에요. 그럼 갚을 돈이 얼마일까요? 원금만 갚으면 되는 것이 아니라 6개월 동안의 이자까지 갚아야죠. 그것도 복리로 계산해서요. 위에서 배운 공식을 적용해봐요. 갚을 원리합계는,

$$S_6 = 100 \times (1+0.05)^6 = 100 \times 1.05^6 \cdots ①$$

매월 갚을 할부금을 a원이라 해요. 컴퓨터를 사고 1개월 후부터 갚죠? 이때 1회째 갚는 a원은 원래 갚기로 약속했던 6월 후보다 5개월 먼저 갚는 거니까 a원과 더불어 a원에 대한 5개월간의 이자까지 갚은 셈이겠죠. 이런 식으로 생각해보면 6번에 걸쳐 갚은 돈의 원리합계는 다음과 같아져요.

1개월 후에 갚은 a원에 대한 5개월간의 원리합계
$$a(1+0.05)^5 = a \times 1.05^5$$

2개월 후에 갚은 a원에 대한 4개월간의 원리합계
$$a(1+0.05)^4 = a \times 1.05^4$$

3개월 후에 갚은 a원에 대한 3개월간의 원리합계
$$a(1+0.05)^3 = a \times 1.05^3$$

··

5개월 후에 갚은 a원에 대한 1개월간의 원리합계
$$a(1+0.05) = a \times 1.05$$

6개월 후에 갚은 a원에 대한 원리합계(이자는 없음)는 a

위 내용을 그림으로 나타내보기로 하죠.

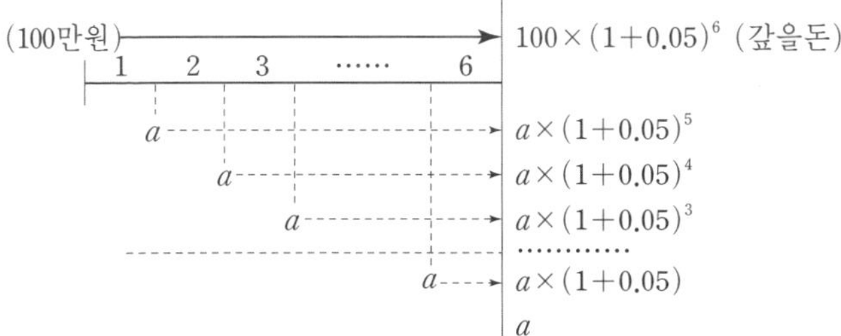

갚은 돈의 총합이 갚아야 할 돈(①번)과 같아야 하므로 다음의 관계가 성립해요.

$$a + a \times 1.05 + a \times 1.05^2 + a \times 1.05^3 + \cdots + a \times 1.05^5 = 100 \times 1.05^6$$

등비수열의 합 공식 $S_n = \dfrac{a(r^n - 1)}{r - 1}$ 을 이용해봅시다.

$$\frac{a \times (1.05^6 - 1)}{1.05 - 1} = 100 \times 1.05^6, \quad \frac{0.34a}{0.05} = 134, \quad \frac{34a}{5} = 134,$$

$$a = 134 \times \frac{5}{34} \fallingdotseq 19.7 \ (만 \ 원)$$

그러므로 할부금은 **197,000**원입니다.

이 문제를 다른 각도에서 다루어볼까요?

컴퓨터를 사고 1달 후에 갚을 할부금 a원의 현재 가치(x_1)를 구해봅시다.

바꾸어 말하면 x_1을 은행에 예치하면 1달 후의 원리합계가 a라는 뜻이죠.

$$x_1 \times (1+0.05) = a, \ x_1 = \frac{a}{1.05},$$

2달, 3달, $\cdots$, 6달 후에 갚을 할부금 a원의 현재 가치를 각각 $x_2, x_3, \cdots, x_6$라 하면,

$$x_2 \times (1+0.05)^2 = a, \ x_2 = \frac{a}{1.05^2},$$

$$x_3 \times (1+0.05)^3 = a, \ x_3 = \frac{a}{1.05^3},$$

$$\cdots\cdots\cdots\cdots\cdots\cdots\cdots\cdots\cdots\cdots\cdots\cdots$$

$$x_6 \times (1+0.05)^6 = a, \ x_6 = \frac{a}{1.05^6},$$

이 현재 가치로 계산해서 합한 값 $x_1 + x_2 + x_3 + \cdots + x_6$이 100만 원이 되면 되겠죠?

이 관계를 식으로 만들어보면,

$$\frac{a}{1.05} + \frac{a}{1.05^2} + \frac{a}{1.05^3} + \cdots + \frac{a}{1.05^6} = 100 \ (\text{만 원}),$$

합 $S_n = \dfrac{a(1-r^n)}{1-r}$ 을 이용해봅시다.

$$\frac{\dfrac{a}{1.05}\left\{1 - \left(\dfrac{1}{1.05}\right)^6\right\}}{1 - \dfrac{1}{1.05}} = 100,$$

먼저 왼쪽의 분모, 분자에 1.05를 곱해봐요.

$$\frac{a\left\{1-\left(\frac{1}{1.05}\right)^6\right\}}{0.05}=100,\ a\left\{1-\left(\frac{1}{1.05}\right)^6\right\}=0.05\times100=5,$$

등식의 양변에 1.05^6을 곱해서 분모를 없애요.

$a\{1.05^6-1\}=5\times1.05^6,\ 1.05^6=1.34$이므로

$0.34a=5\times1.34$에서 $a\fallingdotseq19.7$(만 원)

그래서 할부금은 **197,000**원이 됩니다. 어느 것이 더 쉽죠?

두 가지 방법을 다 기억하면 더 좋겠죠.

Tip Box 구구(99)수열

$9+99+999+9999+\cdots$의 수열을 n항까지 합한다면 어떻게 될까요?

이 수열은 등차수열도 등비수열도 아니에요. 하지만 조금만 신경 쓰면 길이 보일 거예요.

이렇게 변형하면 어떨까요?

$$(10-1)+(10^2-1)+(10^3-1)+\cdots+(10^n-1)$$

$$=(10+10^2+10^3+\cdots+10^n)-(1+1+1+\cdots+1)$$

($\leftarrow$ 1은 n개)

자! 이제 등비수열의 합을 쓰면 되겠죠?

공식 $S_n = \dfrac{a(r^n - 1)}{r - 1}$ 기억나죠?

(주어진 식)$= \dfrac{10(10^n - 1)}{10 - 1} - n = \dfrac{10(10^n - 1)}{9} - n$이 됩니다.

그럼 $5 + 55 + 555 + \cdots + ($제$n$항$)$과 같은 경우는 어떻게 더할까요?

$$= 5 + 55 + 555 + \cdots + (\text{제}n\text{항})$$

$$= \frac{5}{9}\{9 + 99 + 999 + \cdots + (n\text{항})\} = \frac{5}{9} \cdot \left\{ \frac{10(10^n - 1)}{9} - n \right\}$$

결국 $a + aa + aaa + \cdots = \dfrac{a}{9}(9 + 99 + 999 + \cdots)$로 변형해서 구하면 됩니다. (단, a는 한 자리의 자연수)

피보나치 수열

피사의 사탑으로 유명한 이탈리아의 소도시 피사에서 태어난 피보나치(1175~1250)는 수학의 천재로 불리어졌는데 특히 우리에겐 피보나치의 수열로 잘 알려져 있습니다. 피보나치의 수열이란 앞의 두 항을 더한 것이 그 두 수의 바로 뒷항이 되는 수열이죠. 예를 들면 1, 2, 3, 5, 8, 13…와 같은 수열입니다.

우리는 자연 속에서도 피보나치 수열을 발견할 수 있습니다. 주변의 꽃잎을 세어 보면 거의 모든 꽃잎이 3장, 5장, 8장, 13장 …으로 되어 있죠. 백합과 붓꽃은 꽃잎이 3장, 채송화, 패랭이, 동백, 야생장미는 5장, 모란, 코스모스는 8장, 금불초와 금잔화는 13장입니다. 애스터와 치커리는 21장, 질경이와 데이지는 34장, 쑥부쟁이는 종류에 따라 55장과 89장이구요. 위의 숫자들을 나열하면 3, 5, 8, 13, 21, 34, 55, 89 …가 됩니다.

피보나치 수열은 해바라기 씨앗 배치에도 존재하지요. 최소 공간에 최대의 씨앗을 촘촘하게 배치하는 '최적의 수학적 해법'으로 꽃은 피보나치 수열을 선택합니다. 씨앗은 꽃 머리에서 왼쪽과 오른쪽 두 방향으로 엇갈리게 나선 모양으로 자리잡습니다. 해바라기 꽃 머리에는 55개와 89개의 나선이 있고요.

선생님을 놀라게 한 천재 가우스

독일의 수학자 칼 프리드리히 가우스(1777~1855)는 어릴 때부터 수학 천재의 기질을 발휘했답니다. 초등학교 시절 선생님이 1부터 100까지의 자연수를 모두 더해보라고 했죠. 대부분의 어린이들은 차례대로 열심히 더해나갔지만 가우스 소년은 획기적인 계산법을 생각해냈습니다.

$1+2+3+4+5+\cdots+97+98+99+100$을

$1+100=101$, $2+99=101$, $3+98=101$, $\cdots$ $49+52=101$, $50+51=101$

결국 101을 50번 더하면 된다는 결론이 나옵니다.

$101 \times 50 = 5050$이 된 것이죠.

이 방법이 결국 등차수열의 합 공식이 만들어지는 계기가 되었답니다.

다양한 형태의 또 다른 수열들

우리는 지금까지 등차, 등비수열을 공부했습니다. 수열의 명칭은 없을지라도 우리는 적당한 규칙을 지닌 수열을 얼마든지 만들어낼 수 있겠죠. 각자가 나름대로의 규칙을 갖고 문제를 만들어내기 때문에 수열문제의 해결은 결코 쉽지 않답니다. 그러나 그 숨겨진 규칙성을 찾아내고, 기어이 그 문제를 해결해냈을 때의 감격은 그 문제를 푼 사람만이 느낄 수 있는 기쁨일 것입니다. 이 신비스러운 힘 때문에 수학에 시간을 투자하고 도전적인 마음의 자세를 갖게 되는 것입니다. 우리가 수학의 진보를 이룰 수 있는 출발이 바로 이런 도전적인 마음이란 것을 결코 간과해서는 안 될 것입니다.

또 다른 형태의 수열들

알파(α), 베타(β), 감마(γ), 델타(δ) 등 수학에서는 그리스 문자들을 흔히 볼 수 있어요. 학생들 중에서도 이 글자를 잘 쓰지 못해서 몸을 뒤트는 친구들이 간혹 있습니다. 이제 우리는 그리스어의 18번째 알파벳 **시그마($\sum$)**를 기호로 하는 수열의 한 과정을 공부할 것입니다. 수학에 그리스 문자가 많이 쓰인다는 것은 그리스 인들이 수학에 공헌한 바가 크기 때문이겠죠. *B.C* 300년경 기하학의 대가였던 유클리드와 같은 유명한 수학자들이 있었기 때문에 그 나라 문자들이 수학의 여러 분야에서 당연히 써야하는 문자들로 인식돼버린 겁니다.

수학에서는 시그마($\sum$)가 합을 뜻하는 기호로 쓰입니다.

$$a_1 + a_2 + a_3 + \cdots + a_n = \sum_{k=1}^{n} a_k \text{ 로 표현하죠.}$$

$$1 + 2 + 3 + 4 + \cdots + n = \sum_{k=1}^{n} k$$

$$1^2 + 2^2 + 3^2 + \cdots + n^2 = \sum_{k=1}^{n} k^2 \text{ 와 같이 표현됩니다.}$$

① 기호의 약속

$$a_1+a_2+a_3+\cdots+a_n=\sum_{k=1}^{n} a_k$$

② 기본 성질

i) $\displaystyle\sum_{k=1}^{n} ca_k=c\sum_{k=1}^{n} a_k$ (단, c는 상수)

ii) $\displaystyle\sum_{k=1}^{n} (a_k\pm b_k)=\sum_{k=1}^{n} a_k\pm\sum_{k=1}^{n} b_k$

(단, 이중 부호는 같은 순서끼리 성립)

〈주의〉 $\displaystyle\sum_{k=1}^{n} a_k b_k\neq\sum_{k=1}^{n} a_k\sum_{k=1}^{n} b_k,\quad \sum_{k=1}^{n}\frac{a_k}{b_k}\neq\frac{\displaystyle\sum_{k=1}^{n} a_k}{\displaystyle\sum_{k=1}^{n} b_k}$

iii) $\displaystyle\sum_{k=1}^{n} c=nc,\quad \sum_{k=0}^{n} c=(n+1)c$

다음의 과정을 잘 보고 이해하도록 노력해봅시다.

① $\displaystyle\sum_{k=1}^{n} ca_k=ca_1+ca_2+ca_3+\cdots+ca_n$

$$=c(a_1+a_2+a_3+\cdots+a_n)=c\sum_{k=1}^{n} a_k$$

② $\displaystyle\sum_{k=1}^{n} (a_k\pm b_k)$

$$=(a_1\pm b_1)+(a_2\pm b_2)+(a_3\pm b_3)+\cdots+(a_n\pm b_n)$$

$$=(a_1+a_2+a_3+\cdots+a_n)\pm(b_1+b_2+b_3+\cdots+b_n)$$

$$= \sum_{k=1}^{n} a_k \pm \sum_{k=1}^{n} b_k$$

③ $\displaystyle\sum_{k=1}^{n} c = \sum_{k=1}^{n}(0a_k+c) = \overbrace{c+c+c+\cdots+c}^{n\text{개}} = nc$

(c를 n개 더한다는 뜻)

$$\sum_{k=0}^{n} c = \sum_{k=0}^{n}(0a_k+c) = \overbrace{c+c+c+\cdots+c}^{n+1\text{개}} = (n+1)c$$

(c를 $n+1$개 더한다는 뜻)

예를 들면 $\displaystyle\sum_{k=1}^{10} 7 = 7+7+7+\cdots+7 = 10 \times 7 = 70$

(7을 10개 더한다는 뜻)

$$\sum_{k=0}^{10} 7 = 7+7+7+\cdots+7 = 11 \times 7 = 77 \ (7\text{을 }11\text{개 더함})$$

하나 더 연습! $\displaystyle\sum_{k=1}^{12} 5 = 12 \times 5 = 60$, $\displaystyle\sum_{i=0}^{12} 5 = (12+1) \times 5 = 65$

다음 수열의 합을 $\sum$기호를 써서 나타내봅시다.

(1) $2+4+6+8+\cdots+60$

(2) $2+4+8+16+\cdots+1024$

(3) $1\cdot3+2\cdot5+3\cdot7+\cdots+n(2n+1)$

(1) $\sum$로 표시의 기본틀은 $\displaystyle\sum_{k=1}^{n} a_k$ 입니다.

우선 일반항을 찾아봅시다. 첫 번째 항 2, 공차 2인 등차수열이므로 $a_n = a + (n-1)d$ 공식을 이용하면

$a_n = 2 + (n-1) \cdot 2 = 2n,\ a_k = 2k$

그런데 마지막 항 60은 몇 번째 수일까요?

n번째 항이라 가정하면 $a_n = 2n = 60$에서 $n = 30$이죠.

즉 30번째 수입니다.

그래서 $\displaystyle\sum_{k=1}^{n} a_k = \sum_{k=1}^{30} 2k$로 표시됩니다.

(2) 결국 $2^1 + 2^2 + 2^3 + \cdots + 2^{10}$, 항수 10개, $a_k = 2^k$이므로

$$\sum_{k=1}^{n} a_k = \sum_{k=1}^{10} 2^k$$

(3) $a_n = n(2n+1)$이므로 $a_k = k(2k+1)$이고 항수는 n개이므로 $\displaystyle\sum_{k=1}^{n} a_k = \sum_{k=1}^{n} k(2k+1)$

$$\sum_{k=1}^{10} a_k = 6, \quad \sum_{k=1}^{10} a_k^2 = 12 일 \ 때, \quad \sum_{k=1}^{10} (2a_k - 3)^2 의 \ 값은 \ 얼마일지$$

구해봅시다.

$\sum$의 계산은 우선 전개부터입니다. 곱과 나눗셈의 형태는 합, 차로 고쳐져야 각각의 $\sum$로 분리시킬 수 있기 때문이죠. 핵심포인트 참고.

$$\sum_{k=1}^{10} (2a_k - 3)^2 = \sum_{k=1}^{10} (4a_k^2 - 12a_k + 9)$$

$$= 4\sum_{k=1}^{10} a_k^2 - 12\sum_{k=1}^{10} a_k + \sum_{k=1}^{10} 9$$

$$= 4 \times 12 - 12 \times 6 + 10 \times 9 = \mathbf{66}$$

$\sum$의 계산 공식을 알아보자

이제 $\sum$를 이용해서 합을 계산하려면 $\sum$의 계산 공식을 알아야 활용할 수 있겠죠? 이제 그 계산 공식들을 찾아봅시다.

(1) 등차수열을 공부하면서 우린 이미 $1 + 2 + 3 + \cdots + n$의 계

산 결과는 알고 있잖아요. 이 자연수의 합이 바로 $\sum\limits_{k=1}^{n} k$이

죠. 그래서 공식 하나가 완성되었습니다!

$$\sum_{k=1}^{n} k = 1+2+3+\cdots+n = \frac{n(n+1)}{2}$$

예를 들면 $\sum\limits_{k=1}^{10} k = \dfrac{10 \times 11}{2} = 55$, 그럼 $\sum\limits_{k=0}^{10} k = ?$

$$\sum_{k=0}^{10} k = 0+1+2+3+4+\cdots+10$$

$$= 1+2+3+4+\cdots+10 = \sum_{k=1}^{10} k = \frac{10 \times 11}{2} = 55$$

(2) $\sum\limits_{k=1}^{n} k^2 = 1^2+2^2+3^2+\cdots+n^2 = ?$ 이 공식의 결과가 궁금하죠?

$$(k+1)^3 - k^3 = (k^3+3k^2+3k+1) - k^3 = 3k^2+3k+1$$

전개공식 $(a+b)^3 = a^3+3a^2b+3ab^2+b^3$을 이용!

$$(k+1)^3 - k^3 = 3 \cdot k^2 + 3 \cdot k + 1$$

$$k=1 : \qquad 2^3-1^3 = 3 \cdot 1^2 + 3 \cdot 1 + 1$$

$$k=2 : \qquad 3^3-2^3 = 3 \cdot 2^2 + 3 \cdot 2 + 1$$

$$k=3 : \qquad 4^3-3^3 = 3 \cdot 3^2 + 3 \cdot 3 + 1$$

$$\cdots\cdots\cdots\cdots\cdots\cdots\cdots\cdots\cdots\cdots\cdots\cdots$$

$$k=n : \qquad (n+1)^3 - n^3 = 3n^2+3n+1$$

위를 모두 합하면,

왼편은 $(n+1)^3 - 1^3$

오른쪽의 합은 $3(1^2+2^2+3^2+\cdots+n^2) + 3(1+2+3+\cdots$

$+n) + (1+1+1+\cdots+1)$ 1은 n개

그래서 $(n+1)^3-1^3=3\sum\limits_{k=1}^{n} k^2+3\times\dfrac{n(n+1)}{2}+n$

$n^3+3n^2+3n+1-1=3\sum\limits_{k=1}^{n} k^2+\dfrac{3n^2+5n}{2}$,

$3\sum\limits_{k=1}^{n} k^2=n^3+3n^2+3n-\dfrac{3n^2+5n}{2}=\dfrac{2n^3+3n^2+n}{2}$

$\qquad\qquad=\dfrac{n(n+1)(2n+1)}{2}$

양변을 3으로 나누면, $\sum\limits_{k=1}^{n} k^2=\dfrac{n(n+1)(2n+1)}{6}$ 라는 공식이 만들어집니다.

(3) $\sum\limits_{k=1}^{n} k^3=1^3+2^3+3^3+\cdots+n^3=\left\{\dfrac{n(n+1)}{2}\right\}^2$ 의 유도과정도 (2)번과 같은 방법으로 하면 됩니다.

즉, $(k+1)^4-k^4=4k^3+6k^2+4k+1$의 양변에 $k=1,\ 2,\ 3,\ \cdots\ n$을 대입해서 양변을 더해보면 위의 공식이 만들어집니다. 큰 종이를 펴두고 한번 시도해봐요. 성취감이 있을 거예요.

예를 들어볼까요?

공식 $\sum\limits_{k=1}^{n} k^2=\dfrac{n(n+1)(2n+1)}{6}$ 을 적용해봅시다.

$\sum\limits_{k=1}^{10} k^2=\dfrac{10(10+1)(2\times10+1)}{6}=385$

이건 어떨까요? $\sum\limits_{k=0}^{10} k^2=0^2+1^2+2^2+\cdots+10^2$

$$=1^2+2^2+3^2+\cdots+10^2=\sum_{k=1}^{10}k^2=385$$

공식 $\sum\limits_{k=1}^{n}k^3=\left\{\dfrac{n(n+1)}{2}\right\}^2$ 을 적용해봅시다.

$$\sum_{k=1}^{10}k^3=\left\{\dfrac{10(10+1)}{2}\right\}^2=55^2=3025$$

$\sum\limits_{k=1}^{10}k^2$의 경우와 같은 의미에서 $\sum\limits_{k=0}^{10}k^3=\sum\limits_{k=1}^{10}k^3=3025$

결론 $\sum\limits_{k=0}^{n}k=\sum\limits_{k=1}^{n}k,\ \sum\limits_{k=0}^{n}k^2=\sum\limits_{k=1}^{n}k^2,\ \sum\limits_{k=0}^{n}k^3=\sum\limits_{k=1}^{n}k^3$라는 사실은

아주 중요하죠.

그러나 $\sum\limits_{k=1}^{n}c=nc,\ \sum\limits_{k=0}^{n}c=(n+1)c$ 임은 주의할 사항!

시그마($\sum$)의 계산 공식

① $\displaystyle\sum_{k=1}^{n}k=1+2+3+\cdots+n=\dfrac{n(n+1)}{2}$

② $\displaystyle\sum_{k=1}^{n}k^2=1^2+2^2+3^2+\cdots+n^2=\dfrac{n(n+1)(2n+1)}{6}$

③ $\displaystyle\sum_{k=1}^{n}k^3=1^3+2^3+3^3+\cdots+n^3=\left\{\dfrac{n(n+1)}{2}\right\}^2$

④ $a\neq1$일 때

$$\sum_{k=1}^{n}a^k=a+a^2+a^3+\cdots+a^n=\dfrac{a(a^n-1)}{a-1}$$

④번의 경우는 등비수열의 합임을 이해해야 해요. 별도의 공식이 있는 것이 아니라 등비수열의 합 공식 $S_n = \dfrac{a(r^n-1)}{r-1}$ 을 이용해야 한다는 것을 기억합시다.

예를 들어, $\displaystyle\sum_{k=1}^{10} 3^{k-1}$ 을 계산한다고 해봐요. 이런 경우 정해진 공식은 없어요. 등비수열의 합 공식을 이용하면 되죠. 그러니 첫 번째 항, 공비, 항의 개수만 알아보면 되는 겁니다.

$\displaystyle\sum_{k=1}^{10} 3^{k-1} = 1 + 3 + 3^2 + \cdots + 3^9$ 과 같은 의미. 첫 번째 항 $a=1$, 공비 $r=3$, 항수 $n=10$

공식 $S_n = \dfrac{a(r^n-1)}{r-1}$ 을 이용해서 합을 구하면,

$$\sum_{k=1}^{10} 3^{k-1} = 1 + 3 + 3^2 + \cdots + 3^9 = \frac{1 \cdot (3^{10}-1)}{3-1} = \frac{3^{10}-1}{2}$$

다음을 계산해봅시다.

(1) $\displaystyle\sum_{k=1}^{10} (2k-3)^2$ 　　　　　　(2) $\displaystyle\sum_{k=1}^{10} (2^k - 4k + 3)$

(1) 우선 전개해야 공식이 적용되죠.

$$\sum_{k=1}^{10}(4k^2-12k+9)=4\sum_{k=1}^{10}k^2-12\sum_{k=1}^{10}k+\sum_{k=1}^{10}9$$

$$=4\times\frac{10(10+1)(2\times10+1)}{6}$$

$$-12\times\frac{10(10+1)}{2}+10\times9=\mathbf{970}$$

(2) 기본 성질을 써서 분리시키면

$$\sum_{k=1}^{10}(2^k-4k+3)=\sum_{k=1}^{10}2^k-4\sum_{k=1}^{10}k+\sum_{k=1}^{10}3$$

$$여기서 \quad \sum_{k=1}^{10}2^k=2+2^2+2^3+\cdots+2^{10}=\frac{2(2^{10}-1)}{2-1}$$

$$=2046이므로$$

$$(주어진 식)=2046-4\times\frac{10(10+1)}{2}+10\times3=\mathbf{1856}$$

$\sum$을 이용한 수열의 합

등차, 등비수열의 합을 구할 때는 공식이 있었죠? 알아두고 있으면 공식에 넣기만 하면 답이 나오잖아요. 그런데 등차, 등비가 아닌 경우는 어떻게 하죠? 이때는 $\sum$의 공식을 이용하면 대부분 해결됩니다. 바로 이것! $S_n=\sum_{k=1}^{n}a_k$

이 공식에 넣기만 하면 몇 항까지든 합할 수 있죠!

$$S_n = \sum_{k=1}^{n} a_k = a_1 + a_2 + a_3 + \cdots + a_n$$ 이기 때문이랍니다. 그러

니 합을 구하려면 a_k를 알고 $\sum$ 계산 공식만 알면 되죠.

다음 수열의 합을 구해봅시다.

(1) $1 \cdot 2 + 2 \cdot 3 + 3 \cdot 4 + \cdots + n(n+1)$

(2) $1^2 + 4^2 + 7^2 + 10^2 + \cdots + (n$항$)$

(1) $a_n = n(n+1)$ 이므로 $a_k = k(k+1)$

$$S_n = \sum_{k=1}^{n} k(k+1) = \sum_{k=1}^{n} (k^2 + k) = \sum_{k=1}^{n} k^2 + \sum_{k=1}^{n} k$$

$$= \frac{n(n+1)(2n+1)}{6} + \frac{n(n+1)}{2}$$

$$= \frac{n(n+1)(2n+1) + 3n(n+1)}{6}$$

분자의 공통인수를 앞으로 끄집어냄

$$= \frac{n(n+1)(2n+4)}{6} = \frac{2n(n+1)(n+2)}{6}$$

$$= \frac{n(n+1)(n+2)}{3}$$

(2) 먼저 일반항을 찾아봐요.

1, 4, 7, 10, $\cdots$은 공차 3인 등차수열. 일반항 공식

$a_n = a + (n-1)d$을 적용

$a = 1$, $d = 3$이므로 $a_n = 1 + (n-1) \times 3 = 3n - 2$

$\therefore a_k = 3k - 2$

$1^2 + 4^2 + 7^2 + \cdots$이므로 이 수열의 k번째 항은

$(3k-2)^2 = 9k^2 - 12k + 4$이 되겠죠?

$$S_n = \sum_{k=1}^{n} (9k^2 - 12k + 4)$$

$$= 9\sum_{k=1}^{n} k^2 - 12\sum_{k=1}^{n} k + \sum_{k=1}^{n} 4$$

$$= 9 \times \frac{n(n+1)(2n+1)}{6} - 12 \times \frac{n(n+1)}{2} + 4n$$

$$= \frac{n(6n^2 - 3n - 1)}{2}$$

$$\sum_{k=1}^{n} k = \frac{n(n+1)}{2}$$

$$\sum_{k=1}^{n} k(k+1) = \frac{n(n+1)(n+2)}{3}$$

$$\sum_{k=1}^{n} k(k+1)(k+2) = \frac{n(n+1)(n+2)(n+3)}{4}$$

위의 내용에서 규칙을 찾아봐요. 규칙이 안 보이면 보일 때까지 말이죠. 분명히 '정말 멋진 공식이네?' 라고 감탄할 거예요.

활용은 어떻게 할까요?

$$\sum_{k=1}^{10} k(k+1) = \frac{10 \times 11 \times 12}{3} = 440$$

$$\sum_{k=1}^{10} k(k+1)(k+2) = \frac{10 \times 11 \times 12 \times 13}{4} = 4290$$

분수형태의 수열의 합은 어떻게 할까?

분수형태로 된 수열의 합은 하나의 분수를 두 개로 분리(이 항분리 또는 부분분수라 함)해서 규칙을 찾아야 합니다. 가장 기본 규칙은 아래와 같습니다.

$$\frac{C}{AB}=\frac{C}{B-A}\left\{\frac{1}{A}-\frac{1}{B}\right\},$$

$$\frac{D}{ABC}=\frac{D}{C-A}\left\{\frac{1}{AB}-\frac{1}{BC}\right\}$$

위의 관계는 항상 성립합니다. 각자 등호의 오른쪽을 통분해 보세요. 그러면 왼쪽과 같은 모양이 나온다는 것을 알게 될 것입니다.

연습!

$$\frac{3}{(n+2)(n+6)}=\frac{3}{(n+6)-(n+2)}\left(\frac{1}{n+2}-\frac{1}{n+6}\right)$$

$$=\frac{3}{4}\left(\frac{1}{n+2}-\frac{1}{n+6}\right)$$

$$\frac{3}{n(n+1)(n+2)}$$

$$=\frac{3}{(n+2)-n}\left\{\frac{1}{n(n+1)}-\frac{1}{(n+1)(n+2)}\right\}$$

$$=\frac{3}{2}\left\{\frac{1}{n(n+1)}-\frac{1}{(n+1)(n+2)}\right\}$$

(1) $\displaystyle\sum_{k=1}^{10}\frac{1}{k(k+1)}=\sum_{k=1}^{10}\left(\frac{1}{k}-\frac{1}{k+1}\right)$

$$=\left(1-\frac{1}{2}\right)+\left(\frac{1}{2}-\frac{1}{3}\right)+\left(\frac{1}{3}-\frac{1}{4}\right)+\cdots+\left(\frac{1}{10}-\frac{1}{11}\right)$$

$$=1-\frac{1}{11}$$

$$\sum_{k=1}^{10}\frac{1}{k(k+2)}=\sum_{k=1}^{10}\frac{1}{2}\Big(\frac{1}{k}-\frac{1}{k+2}\Big)$$

$$=\frac{1}{2}\Big\{\Big(1-\frac{1}{3}\Big)+\Big(\frac{1}{2}-\frac{1}{4}\Big)+\Big(\frac{1}{3}-\frac{1}{5}\Big)+\Big(\frac{1}{4}-\frac{1}{6}\Big)+$$

$$\cdots+\Big(\frac{1}{9}-\frac{1}{11}\Big)+\Big(\frac{1}{10}-\frac{1}{12}\Big)\Big\}=\frac{1}{2}\Big(1+\frac{1}{2}-\frac{1}{11}-\frac{1}{12}\Big)$$

(2) $\displaystyle\sum_{k=1}^{10}\frac{1}{(2k-1)(2k+1)}$

$$=\sum_{k=1}^{10}\frac{1}{2}\Big(\frac{1}{2k-1}-\frac{1}{2k+1}\Big)$$

$$=\frac{1}{2}\Big\{\Big(1-\frac{1}{3}\Big)+\Big(\frac{1}{3}-\frac{1}{5}\Big)+\cdots+\Big(\frac{1}{19}-\frac{1}{21}\Big)\Big\}$$

$$=\frac{1}{2}\Big(1-\frac{1}{21}\Big)$$

$$\sum_{k=1}^{10}\frac{1}{(2k-1)(2k+3)}$$

$$=\sum_{k=1}^{10}\frac{1}{4}\Big(\frac{1}{2k-1}-\frac{1}{2k+3}\Big)$$

$$=\frac{1}{4}\Big\{\Big(1-\frac{1}{5}\Big)+\Big(\frac{1}{3}-\frac{1}{7}\Big)+\Big(\frac{1}{5}-\frac{1}{9}\Big)+$$

$$\cdots+\Big(\frac{1}{17}-\frac{1}{21}\Big)+\Big(\frac{1}{19}-\frac{1}{23}\Big)\Big\}$$

$$=\frac{1}{4}\Big(1+\frac{1}{3}-\frac{1}{21}-\frac{1}{23}\Big)$$

(3) $\displaystyle\sum_{k=1}^{10}\frac{1}{k(k+1)(k+2)}$

$$=\sum_{k=1}^{10}\frac{1}{2}\Big\{\frac{1}{k(k+1)}-\frac{1}{(k+1)(k+2)}\Big\}$$

$$=\frac{1}{2}\left\{\left(\frac{1}{1\cdot2}-\frac{1}{2\cdot3}\right)+\left(\frac{1}{2\cdot3}-\frac{1}{3\cdot4}\right)+\right.$$
$$\left.\cdots+\left(\frac{1}{10\cdot11}-\frac{1}{11\cdot12}\right)\right\}$$
$$=\frac{1}{2}\left(\frac{1}{1\cdot2}-\frac{1}{11\cdot12}\right)$$

$(1), (2)$의 경우 빨리 해결하는 방법을 소개할까요?

$\dfrac{1}{k(k+1)}$의 경우는 k의 계수가 1, 분모의 차(差)는 1,

즉 $(k+1)-k=1$입니다.

$\dfrac{1}{(2k-1)(2k+1)}$에서도 k의 계수가 2, 분모의 차는 2,

즉 $(2k+1)-(2k-1)=2$입니다.

이와 같이 k의 계수와 분모의 차가 같은 경우는 항상 계산 결과는 서로 이웃하는 항끼리 지워지고 처음 숫자와 맨 마지막 숫자만 남게 됩니다.

그래서 이런 경우는 $\dfrac{1}{k(k+1)}=\dfrac{1}{k}-\dfrac{1}{k+1}$의 앞쪽 $\dfrac{1}{k}$의 k 자리에 첫 숫자 1을 대입하고 뒤쪽 $\dfrac{1}{k+1}$의 k자리에 맨 끝 숫자인 10을 대입하면 답이 됩니다.

즉 $\displaystyle\sum_{k=1}^{10}\frac{1}{k(k+1)}=\sum_{k=1}^{10}\left(\frac{1}{k}-\frac{1}{k+1}\right)=\frac{1}{1}-\frac{1}{11}=\frac{10}{11}$

마찬가지로 $\dfrac{1}{(2k-1)(2k+1)}=\dfrac{1}{2}\left(\dfrac{1}{2k-1}-\dfrac{1}{2k+1}\right)$의 앞쪽 $\dfrac{1}{2k-1}$의 k자리에 첫 숫자 1을 대입하고 뒤쪽 $\dfrac{1}{2k+1}$의 k자리에 맨 끝 숫자 10을 대입하면 답이 됩니다.

즉,
$$\sum_{k=1}^{10}\dfrac{1}{(2k-1)(2k+1)}=\sum_{k=1}^{10}\dfrac{1}{2}\left(\dfrac{1}{2k-1}-\dfrac{1}{2k+1}\right)$$
$$=\dfrac{1}{2}\left(\dfrac{1}{2\times1-1}-\dfrac{1}{2\times10+1}\right)$$
$$=\dfrac{1}{2}\left(1-\dfrac{1}{21}\right)=\dfrac{10}{21}$$

$\dfrac{1}{k(k+2)}$의 경우는 k의 계수는 1이지만 분모의 차는 2가 되죠. 즉, 계수 1을 2배 해야 분모의 차 2와 같아집니다. 이런 경우는 $\dfrac{1}{k(k+2)}=\dfrac{1}{2}\left(\dfrac{1}{k}-\dfrac{1}{k+2}\right)$의 앞쪽 $\dfrac{1}{k}$의 k자리에 처음 두 숫자 1과 2를 대입하고, 뒤쪽 $\dfrac{1}{k+2}$의 k자리에 마지막 두 수 9와 10을 대입해주면 된답니다.

같은 방법으로 $\dfrac{1}{(2k-1)(2k+3)}=\dfrac{1}{4}\left(\dfrac{1}{2k-1}-\dfrac{1}{2k+3}\right)$의 앞쪽 $\dfrac{1}{2k-1}$의 k자리에 처음 두 숫자 1, 2를 대입하고, 뒤쪽 $\dfrac{1}{2k+3}$의 k자리에 마지막 두 수 9, 10을 대입해주면 된답니다.

즉,
$$\sum_{k=1}^{10}\dfrac{1}{k(k+2)}=\sum_{k=1}^{10}\dfrac{1}{2}\left(\dfrac{1}{k}-\dfrac{1}{k+2}\right)$$

$$=\frac{1}{2}\left(\frac{1}{1}+\frac{1}{2}-\frac{1}{9+2}-\frac{1}{10+2}\right)$$

$$=\frac{1}{2}\left(1+\frac{1}{2}-\frac{1}{11}-\frac{1}{12}\right)$$

$$\sum_{k=1}^{10}\frac{1}{(2k-1)(2k+3)}=\sum_{k=1}^{10}\frac{1}{4}\left(\frac{1}{2k-1}-\frac{1}{2k+3}\right)$$

$$=\frac{1}{4}\left(\frac{1}{2\times1-1}+\frac{1}{2\times2-1}-\frac{1}{2\times9+3}-\frac{1}{2\times10+3}\right)$$

$$=\frac{1}{4}\left(1+\frac{1}{3}-\frac{1}{21}-\frac{1}{23}\right)$$

규칙을 못 찾으면 계차를 구해보자!

수열이란 '어떤 규칙을 지닌 수의 배열'이라고 했죠? 그렇다면 어떤 규칙이 있을까요?

$$1, 2, 5, 10, 17, 26\cdots$$
$$1, 3, 7, 15, 31, 63\cdots$$

어떤 규칙이 쉽게 보이진 않죠?

이럴 때는 이웃하는 항과 항사이의 차를 구해보고 그 차로 이뤄진 수들에서 어떤 규칙을 찾는 거죠. 이것 또한 하나의 멋진 수열이 되는 겁니다.

뒤항에서 앞항을 뺀 차를 하나의 수열로 볼 때 원래 주어진 수열에 대한 **계차수열**이라고 해요

$$a_1,\ a_2,\ a_3,\ a_4,\ a_5,\ \cdots,\ a_{n-1},\ a_n,\ a_{n+1},\ \cdots \quad \text{수열 } \{a_n\} : \text{원수열}$$
$$b_1,\ b_2,\ b_3,\ b_4,\ \quad \cdots, \quad b_{n-1},\ b_n, \quad\quad \cdots \quad \text{수열 } \{b_n\} : \text{계차수열}$$

$$a_2 - a_1 = b_1,\ a_3 - a_2 = b_2,\ a_4 - a_3 = b_3,\ \cdots,\ a_n - a_{n-1} = b_{n-1} \text{의}$$

관계가 성립하며 좌변은 좌변끼리, 우변은 우변끼리 서로 더해

보면 어떤 결과가 나올까요?

$$(a_2 - a_1) + (a_3 - a_2) + \cdots + (a_n - a_{n-1}) = b_1 + b_2 + \cdots + b_{n-1}$$

정리해보면 $a_n - a_1 = b_1 + b_2 + b_3 + \cdots + b_{n-1}$가 됩니다.

정리하면 $a_n = a_1 + (b_1 + b_2 + b_3 + \cdots + b_{n-1}) = a_1 + \sum\limits_{k=1}^{n-1} b_k$

이제 앞에서 소개한 수열의 일반항을 구해봅시다.

$$1,\quad 2,\quad 5,\quad 10,\quad 17,\quad 26,\quad \cdots,\ a_n : \{a_n\}$$

$$\Rightarrow \text{계차를 구해봐요.}$$

$$1,\quad 3,\quad 5,\quad 7,\quad 9,\quad\quad \cdots,\quad\quad : \{b_n\}$$

수열 $\{b_n\}$은 첫 번째 항 1, 공차 2인 등차수열이죠.

$$b_n = 1 + (n-1) \times 2 = 2n - 1$$

원 수열 $\{a_n\}$에서 $a_1 = 1$이므로 공식 $a_n = a_1 + \sum\limits_{k=1}^{n-1} b_k$에 적용해

봅시다.

$$a_n = a_1 + \sum_{k=1}^{n-1} b_k = 1 + \sum_{k=1}^{n-1}(2k - 1) = 1 + 2\sum_{k=1}^{n-1} k - \sum_{k=1}^{n-1} 1$$

$$=1+2\times\frac{(n-1)n}{2}-(n-1)\times1=n^2-2n+2$$

※ 수열 $\{b_n\}$의 합은 등차수열의 합 공식을 이용해도 됩니다.

핵심포인트 **계차수열의 성질**

수열 $\{a_n\}$에 대한 계차수열을 $\{b_n\}$이라 할 때,

$$a_n=a_1+(b_1+b_2+b_3+\cdots+b_{n-1})$$

$$=a_1+\sum_{k=1}^{n-1}b_k \ (단, n\geqq2)$$

다음 수열의 규칙을 찾아서 일반항을 구해봐요. 분명 등차수열도 등비수열도 아니죠.

이럴 땐 계차를 구해봅시다.

$$1, \quad 3, \quad 7, \quad 15, \quad 31, \quad 63, \cdots : \{a_n\}$$

$\Rightarrow$ 계차를 구해봐요.

$$2, \quad 4, \quad 8, \quad 16, \quad 32, \quad \cdots : \{b_n\}$$

수열 $\{b_n\}$은 첫 번째 항 2, 공비 2인 등비수열이 됩니다.
$a_1=1$임을 이용하면

$$a_n=a_1+(b_1+b_2+b_3+\cdots+b_{n-1})$$

등비수열의 합 공식 이용

$$=1+(2+4+8+16+\cdots)=1+\frac{2\{2^{n-1}-1\}}{2-1}$$

$$=1+2(2^{n-1}-1)=2^n-1$$

규칙이 숨어있는 점화수열!

수열 $1, 3, 5, 7, 9, \cdots, (2n-1)$을 이렇게 표현하면 어떨까요?

$a_1=1,\ a_{n+1}=a_n+2$ (단, $n=1,\ 2,\ 3,\ \cdots$)

이와 같이 첫 번째 항을 밝히고 이웃하는 항사이의 관계식 (점화식)으로 수열을 정의할 수 있겠죠? 이렇게 수열을 정의하는 것을 **수열의 귀납적 정의**라고 합니다. 이제 이런 형태로 된 수열을 공부해봅시다.

기본적인 점화수열

① $a_{n+1}-a_n=d$ (d는 상수)인 수열 $\{a_n\}$: 공차 d인 등차수열

② $a_{n+1}=ra_n$ (r은 상수)인 수열 $\{a_n\}$: 공비 r인 등비수열

③ $2a_{n+1}=a_n+a_{n+2}$인 수열 $\{a_n\}$: 등차수열

④ $(a_{n+1})^2=a_n\,a_{n+2}$인 수열 $\{a_n\}$: 등비수열

위의 내용들은 이미 공부한 내용들이죠? 기억이 나지 않으면 다시 앞쪽으로 이동해서 공부해봐요. 이제 여기서는 좀 다른

종류의 점화수열을 접해보기로 합시다.

$$a_1 = 1, \quad a_{n+1} = \frac{2}{3}a_n + 1 \text{인 수열 } \{a_n\} \text{이 있다고 합시다.}$$

여기서 일반항 a_n을 어떻게 구할까요? $n = 1, 2, 3, \cdots$를 대입해보면,

$$a_2 = \frac{2}{3}a_1 + 1 = \frac{2}{3} \times 1 + 1 = \frac{2}{3} + 1$$

$$a_3 = \frac{2}{3}a_2 + 1 = \frac{2}{3}\left(\frac{2}{3} + 1\right) + 1 = \left(\frac{2}{3}\right)^2 + \left(\frac{2}{3}\right) + 1$$

$$a_4 = \frac{2}{3}a_3 + 1 = \frac{2}{3}\left\{\left(\frac{2}{3}\right)^2 + \left(\frac{2}{3}\right) + 1\right\} + 1$$

$$= \left(\frac{2}{3}\right)^3 + \left(\frac{2}{3}\right)^2 + \left(\frac{2}{3}\right) + 1$$

이 규칙에서 우리는 귀납적으로 다음과 같은 결론을 얻게 되죠.

$$a_n = \left(\frac{2}{3}\right)^{n-1} + \left(\frac{2}{3}\right)^{n-2} + \left(\frac{2}{3}\right)^{n-3} + \cdots + \left(\frac{2}{3}\right) + 1 \text{ 등비수열의}$$

합을 이용하면 구할 수 있어요.

합의 공식을 적용할 때는 순서를 바꾸어 $1 + \frac{2}{3} + \left(\frac{2}{3}\right)^2 + \cdots$로 보면 계산이 쉽습니다.

첫 번째 항을 1, 공비를 $\frac{2}{3}$, 항수 n개이므로 합 공식

$$S_n = \frac{a(1 - r^n)}{1 - r} \text{을 이용}$$

$$S_n=\frac{1\left\{1-\left(\frac{2}{3}\right)^n\right\}}{1-\left(\frac{2}{3}\right)}=3\left\{1-\left(\frac{2}{3}\right)^n\right\}$$ 이 되죠.

여기서 한 가지 중요한 사실은 우리가 a_1, a_2, a_3, …을 확인하면서 규칙을 발견했고 그 규칙에 따라 a_n을 추측해냈다는 것입니다. 이게 바로 귀납법적인 방법이에요. 그러나 그 결과를 증명해야 하는 것이 수학이죠. 이런 증명법을 **수학적 귀납법**이라고 합니다.

핵심포인트 수학적 귀납법으로의 증명

명제 $p(n)$이 모든 자연수 n에 대하여 성립함을 증명하는 방법은 아래의 과정을 거쳐야 하는데 이 증명의 방법을 수학적 귀납법이라고 합니다.

① $n=1$일 때, 즉 $p(1)$이 성립함을 밝힙니다.

② $n=k$일 때, $p(k)$가 성립한다고 가정합니다.

③ 위의 가정을 이용해서 $n=k+1$일 때, 즉 $p(k+1)$
   일 때 성립함을 보입니다.

이 내용을 이해하기 어려운 친구들도 있겠죠? 귀를 기울여 잘 들어봐요.

$n=1$일 때 성립함을 밝히는 것은 쉬운 일이잖아요.

②, ③의 경우를 함께 묶어서 생각해봐요. $p(k)$일 때 성립한다고 가정을 세우고 이 가정을 이용해봤더니 그 다음 번호 $n=k+1$일 때 즉, $p(k+1)$이 성립하게 된다는 것이 증명된 겁니다. 이 증명이 가능하다는 것은 무엇을 의미할까요? $p(k)$가 성립하면 반드시 $p(k+1)$가 성립한다는 뜻이니까 $p(1)$이 성립하면 $p(2)$가 성립하고, $p(2)$가 성립하니 $p(3)$가 성립합니다. 또 $p(3)$가 성립하니 $p(4)$가 성립, 이런 과정이 반복하게 되는 겁니다. 그래서 $p(1)$이 성립함을 밝혔으니까 $p(2)$, $p(3)$, $p(4)\cdots$의 모든 것이 성립하게 되는 거죠.

이게 수학적 귀납법의 원리입니다.

앞에서 예를 들었던 문제에서 구한 일반항은 수학적 귀납법으로 증명해야 수학적 가치로 인정받을 수 있습니다. 당연한 것으로 귀납되는 것이지만 수학은 그것을 용납하지 않지요. 이를 증명할 수 있어야만 인정해주는 게 수학이란 사실을 기억해야 합니다.

$a_1=1$, $a_{n+1}=\dfrac{2}{3}a_n+1$의 일반항이 $a_n=3\left\{1-\left(\dfrac{2}{3}\right)^n\right\}$이 됨을 증명해봅시다.

$n=1$일 때 $a_1=3\left\{1-\dfrac{2}{3}\right\}=1$이 성립하죠.

$n=k$일 때, 즉, $a_k=3\left\{1-\left(\dfrac{2}{3}\right)^k\right\}$일 때 성립한다고 가정해 봐요.

$$a_{k+1}=\frac{2}{3}a_k+1=\frac{2}{3}\cdot 3\left\{1-\left(\frac{2}{3}\right)^k\right\}+1$$

$$=3\cdot\frac{2}{3}\left\{1-\left(\frac{2}{3}\right)^k\right\}+1=3\left\{\left(\frac{2}{3}\right)-\left(\frac{2}{3}\right)^{k+1}\right\}+1$$

$$=3\times\frac{2}{3}-3\left(\frac{2}{3}\right)^{k+1}+1$$

$$=3-3\left(\frac{2}{3}\right)^{k+1}=3\left\{1-\left(\frac{2}{3}\right)^{k+1}\right\}$$

그러므로 $n=k+1$일 때 성립.

즉, $a_n=3\left\{1-\left(\dfrac{2}{3}\right)^n\right\}$의 n 자리에 $k+1$이 들어간 식이 된 것

그러므로 모든 자연수 n에 대하여 항상 성립합니다.

다음 등식이 모든 자연수 n에 대하여 성립함을 증명해봅시다.

$$1+2+3+4+\cdots+n=\frac{n(n+1)}{2}$$

수학적 귀납법으로 증명을 해야 합니다.

$$1+2+3+4+\cdots+n=\frac{n(n+1)}{2} \quad \cdots \text{①}$$

i) $n=1$일 때 ①은 $1=\dfrac{1\times2}{2}$가 되어 성립합니다.

ii) $n=k$일 때, 즉, $1+2+3+4+\cdots+k=\dfrac{k(k+1)}{2}$이

성립한다고 가정해봅시다.

다음 단계를 진행하기 전에 우리가 결론을 이끌어내야 할 것이 무엇인가를 먼저 확인해야 해요. $k=n+1$일 때, 즉 위의 가정한 것을 이용해서

$$1+2+3+4+\cdots+k+(k+1)=\frac{(k+1)(k+2)}{2}$$ 됨을 보

이면 증명이 끝나는 것이죠.

그럼 어떻게 진행할까요?

$1+2+3+4+\cdots+k=\dfrac{k(k+1)}{2}$의 양변에 $k+1$을 더합

니다. 그래도 등식이 성립하는 것 알죠?

$$1+2+3+4+\cdots+k+(k+1)=\frac{k(k+1)}{2}+(k+1)$$

통분한다

$$=\frac{k(k+1)+2(k+1)}{2}$$

$$=\frac{(k+1)(k+2)}{2}$$

그러므로 ①에서 $n=k+1$일 때 성립하게 됩니다.

그러므로 수학적 귀납법에 의해서 모든 자연수 n에 대해서 항상 성립합니다.

특수 점화식 알아보기

 핵심포인트　　　점화수열의 특수 형태 (1)

$a_{n+1}-a_n=f(n)$ 관계의 수열 $\{a_n\}$이 주어질 때

$$a_n=a_1+f(1)+f(2)+\cdots+f(n-1)=a_1+\sum_{k=1}^{n-1} f(k)$$

$a_{n+1}-a_n=f(n)$ 형태인 수열 $\{a_n\}$에서 일반항을 유도해봅시다.

$n=1, 2, 3\cdots$을 대입해서 좌변, 우변을 각각 더해보면 a_n을 유도할 수 있죠.

$$\begin{aligned}
a_2-a_1&=f(1)\\
a_3-a_2&=f(2)\\
a_4-a_3&=f(3)\\
&\cdots\cdots\\
+\quad a_n-a_{n-1}&=f(n-1)\\
\hline
a_n-a_1&=f(1)+f(2)+f(3)+\cdots+f(n-1)
\end{aligned}$$

$$\therefore\ a_n = a_1 + f(1) + f(2) + \cdots + f(n-1) = a_1 + \sum_{k=1}^{n-1} f(k)$$

$a_1 = 1$, $a_{n+1} = a_n + 4n$의 관계가 성립하는 수열 $\{a_n\}$에서 일반항을 구해봅시다.

$a_{n+1} - a_n = 4n$ 형태로 변형 가능하죠.

핵심포인트의 내용을 참고하면,

$f(n) = 4n$로 볼 수 있습니다.

$$a_n = a_1 + \sum_{k=1}^{n-1} f(k) = 1 + \sum_{k=1}^{n-1} 4k = 1 + 4 \times \frac{n(n-1)}{2}$$

$$= 2n^2 - 2n + 1$$

물론 이 공식이 생각 안 나면 $n = 1, 2, 3, \cdots$을 대입해서 좌변, 우변을 각각 더해보면 a_n을 유도할 수도 있죠.

$$
+ \left|
\begin{aligned}
\cancel{a_2} &= a_1 + 4 \times 1 \\
\cancel{a_3} &= \cancel{a_2} + 4 \times 2 \\
\cancel{a_4} &= \cancel{a_3} + 4 \times 3 \\
&\cdots\cdots\cdots\cdots\cdots \\
a_n &= \cancel{a_{n-1}} + 4(n-1)
\end{aligned}
\right.
$$

$$a_n = a_1 + 4\{1 + 2 + 3 + \cdots + (n-1)\}$$

$1 + 2 + \cdots + n = \dfrac{n(n+1)}{2}$ 에서 n 대신 $n-1$ 대입!

$$= 1 + 4 \times \frac{(n-1)n}{2} = 1 + 2(n-1)n$$

$$= 2n^2 - 2n + 1$$

핵심포인트   **점화수열의 특수형태 (2)**

① $a_{n+1} = p\,a_n + q$ (단, p, q는 상수, $p \neq 1$)

$$\Rightarrow a_n = a_1 + \frac{(a_2 - a_1)\{1 - p^{n-1}\}}{1 - p}$$

② $p\,a_{n+2} + q\,a_{n+1} + r\,a_n = 0$ (단, $p + q + r = 0$)

$$\Rightarrow a_n = a_1 + \frac{(a_2 - a_1)\left\{1 - \left(\dfrac{r}{p}\right)^{n-1}\right\}}{1 - \dfrac{r}{p}}$$

(1) $a_{n+1} = p\,a_n + q$의 관계를 보면 아주 어려워 보이죠? 기본 구조를 확실히 파헤쳐봅시다. 그러면 이해가 되고 응용할 수도 있죠.

이 관계는 모든 자연수 n에 대해서 항상 성립하기 때문에 번호를 하나씩 줄인 식 $a_n = p\,a_{n-1} + q$도 역시 성립합니다. 이제 이 두 식을 빼봅시다.

$$a_{n+1} = p\,a_n + q \quad \cdots \ ①$$

$$a_n = p\,a_{n-1} + q \quad \cdots \ ②$$

①$-$② $a_{n+1} - a_n = p(a_n - a_{n-1})$ 앞에서 계차수열에서 공부했듯이 수열 $\{a_n\}$의 계차 $a_{n+1} - a_n = b_n$를 생각해봐요. 그렇다면 $a_{n+1} - a_n = p(a_n - a_{n-1})$은 $b_n = p\,b_{n-1}$의 관계가 성립해서 수열 $\{b_n\}$은 첫 번째 항이 $b_1 = a_2 - a_1$이고 공비가 p인 등비수열이 되겠죠?

그리고 $a_n = a_1 + (b_1 + b_2 + \cdots + b_{n-1})$임을 공부했죠.

$b_1 + b_2 + \cdots + b_{n-1}$은 등비수열의 합을 이용하면 됩니다.

$$a_n = a_1 + \frac{b_1(1 - p^{n-1})}{1-p} = a_1 + \frac{(a_2 - a_1)\{1 - p^{n-1}\}}{1-p}$$

등비수열의 합 $S_n = \dfrac{a(1 - r^n)}{1-r}$ 을 이용

(2) $p\,a_{n+2} + q\,a_{n+1} + r\,a_n = 0$ (단, $p + q + r = 0$)의 경우도 생각해봐요. 앞에서 정리된 내용과 비교해보면 더 이해가 잘되고 기억하기도 쉬울 겁니다.

$p + q + r = 0 \ \rightarrow \ q = -p - r$을 대입해봅시다.

$pa_{n+2}+(-p-r)a_{n+1}+ra_n=0$ 이것을 정리하면

$p(a_{n+2}-a_{n+1})=r(a_{n+1}-a_n)$, $a_{n+2}-a_{n+1}=\dfrac{r}{p}(a_{n+1}-a_n)$

로 정리됩니다.

$a_{n+1}-a_n=b_n$임을 적용하면 $b_{n+1}=\dfrac{r}{p}b_n$ 그렇다면 바로 앞의 경우와 차이점이 뭘까요?

단지 공비 p가 $\dfrac{r}{p}$로 바뀐 것만 다르죠. 그래서

$$a_n=a_1+\frac{(a_2-a_1)\left\{1-\left(\dfrac{r}{p}\right)^{n-1}\right\}}{1-\dfrac{r}{p}}$$

$a_1=1$, $a_{n+1}=\dfrac{2}{3}a_n+1$인 수열 $\{a_n\}$이 있습니다. 여기서 일반항 a_n을 구해봅시다.

이 문제는 앞에서 이미 풀어본 문제지만 지금 공부한 공식
에 적용을 해봅시다.

$n=1$을 대입해서 a_2를 구합니다.

$$a_2=\frac{2}{3}a_1+1=\frac{2}{3}\times1+1=\frac{5}{3}$$

계차수열 $\{b_n\}$의 첫 번째 항, $b_1=a_2-a_1=\frac{5}{3}-1=\frac{2}{3}$,

공비 $p=\frac{2}{3}$ 이므로

$$a_n=a_1+\frac{(a_2-a_1)\{1-p^{n-1}\}}{1-p}=1+\frac{\frac{2}{3}\left\{1-\left(\frac{2}{3}\right)^{n-1}\right\}}{1-\frac{2}{3}}$$

$$=1+2\left\{1-\left(\frac{2}{3}\right)^{n-1}\right\}=\mathbf{3-2\left(\frac{2}{3}\right)^{n-1}}$$

앞에서 이 문제를 풀었을 때의 답과 지금 푼 답의 모양이
다르다고 '틀렸구나' 하는 친구는 없나요?

앞에서는 $a_n=3\left\{1-\left(\frac{2}{3}\right)^{n}\right\}$ 이었죠? 실은 같은 겁니다. 확
인해봅시다.

$$a_n=3-2\left(\frac{2}{3}\right)^{n-1}=3-\frac{2^n}{3^{n-1}}=3-3\cdot\frac{2^n}{3^n}$$

$$=3-3\left(\frac{2}{3}\right)^{n}=\mathbf{3\left\{1-\left(\frac{2}{3}\right)^{n}\right\}}$$

수열 $\{a_n\}$에 대하여 $a_1=2$이고, $a_{n+1}=2a_n+2$일 때, a_{10}의 값을 구하세요.

① 1022   ② 1024   ③ 2021   ④ 2046   ⑤ 2082

'**핵심포인트**'를 참고해 보세요.

먼저 $n=1$을 주어진 식에 대입하여 a_2를 구합니다.

$a_2=2a_1+2=6$

계차수열 $\{b_n\}$은 첫 번째 항 $b_1=a_2-a_1=6-2=4$, 공비 (p)가 2인 등비수열이 되죠.

그래서 일반항 구하는 공식 $a_n=a_1+\dfrac{(a_2-a_1)\{p^{n-1}-1\}}{p-1}$ 을 활용하면 되겠죠. 이미 원리는 설명했으니까요.

$a_{10}=2+\dfrac{4(2^9-1)}{2-1}=\mathbf{2046}$이 되죠.

정답 : ④

인류가 추구하는 황금비(黃金比) 이야기!

우리는 끊임없이 아름다움을 추구합니다. 그래서 지금도 강남에서는 성형외과가 줄을 잇고 있죠. 요즘은 많은 사람들이 미를 삶의 무기로 삼는 시대입니다. 얼굴의 크기와 키의 균형, 눈, 코 그리고 입의 거리의 비례관계까지 따지면서 미를 평가하곤 하죠.

고대 그리스시대 때부터 이미 수학적인 비례를 이용한 미의 기준이 만들어졌답니다. 소위 말하는 황금비란 겁니다. 이 황금비는 전체길이를 둘로 나눌 때 '(전체길이) : (긴 길이)=(긴 길이) : (짧은 길이)' 의 관계를 만족하는 경우에서 비롯된 비를 말합니다.

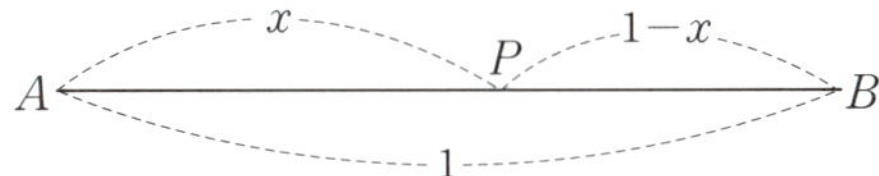

그림에서와 같이 전체길이를 1로 보고 두 부분으로 나누었을 때 긴 쪽의 길이를 x라 하면 짧은 쪽은 $1-x$가 됩니다. 그래서 $1 : x = x : (1-x)$의 관계가 성립합니다.

$x^2 = 1-x$ 즉, $x^2 + x - 1 = 0$에서 근의 공식을 써서 양의 근을 구해보면,

$$x = \frac{-1+\sqrt{5}}{2} = 0.618033988\cdots \fallingdotseq 0.618$$

이므로 나누어진 두 부분의 비를 구해보면 $x : (1-x) = 0.618 : 0.382 \fallingdotseq 1.618 : 1$이 됩니다.

이 비를 황금비라 합니다. 황금분할이란 말도 쓰죠.

그리스의 파르테논 신전에 있는 밀로의 비너스 상을 연구한 결과 황금비가 정확

하게 적용되었다고 해서 유명합니다. 상반신(머리에서 배꼽까지)과 하반신(배꼽에서 발까지)의 비가 1 : 1.618이며, 상반신만 봐도 '머리끝에서 목까지' 와 '목에서 배꼽까지' 의 비도 같은 비가 되며, 하반신만 봐도 '발끝에서 무릎까지' 와 '무릎에서 배꼽까지' 의 길이의 비도 역시 1 : 1.618의 황금비를 갖고 있다고 합니다.

인류는 가장 안정적이면서도 아름다운 비가 무엇일까를 끊임없이 생각하고 추구합니다. 문명의 발달과 함께 시대적 가치관의 변화로 볼 때 이 황금비도 충분히 바뀔 수 있다고 봅니다. 지금의 황금비는 과연 어떤 것일지 연구해볼 만한 과제입니다. 그러나 그리스시대를 풍미했던 황금비의 수학적 의미를 아직도 부정하는 사람이 없다는 것은 '황금비의 불변성' 을 역설적으로 말해주고 있는 것은 아닐까요?

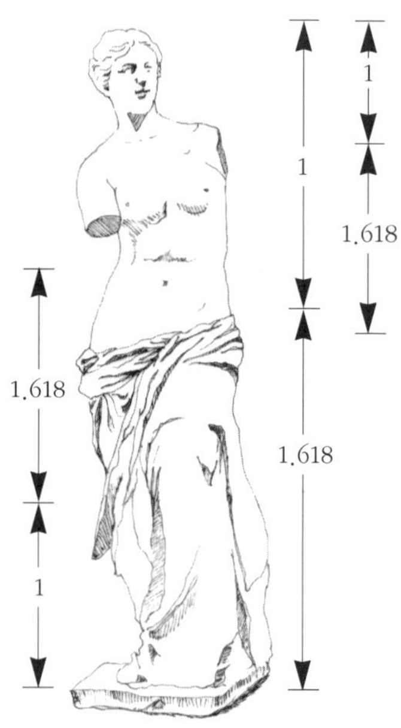

Part 04

끊임없이 이어지는 수열의 끝은?

- 끊임없이 이어지는 수열의 끝은?
- 수열을 무한히 더해간다면 결국은?

끊임없이 이어지는 수열의 끝은?

우리 친구들의 대부분은 많은 호기심을 갖고 있죠. 나의 인생의 길을 걸어갈 때 그 마지막이 어딜까? 천국과 지옥이 있다던데? 이 우주는 과연 끝이 있을까? 지구가 둥글다던데 방향을 바꾸지 않고 이 길로 계속 걸어간다면 과연 이 자리 다시 돌아올까? 우리 젊은이들의 대부분의 상상의 세계는 유한하지 않고 무한합니다. 그런 사고를 갖고 있기 때문에 과학의 진보가 있고, 또한 각자의 종교관을 갖게 되는 거죠.

무한(無限), 무한대(無限大), 극한(極限)이란 용어가 수학에 도입이 됩니다. 우리 친구들이 이제 그 일면을 접하게 될 기회가 왔습니다. 수학에서는 이 무한대의 개념이 정말 중요합니다. 새로운 하나의 세계가 우리의 머릿속에 만들어지게 되는 것입니다. 우리는 유한한 세계에 살고 있는 것 같지만 무한대의 세계를 추구하고 그 세계에 이르기 위해 연구하고 탐구하는 학문이 생겨나기도 했습니다. 그래서 영적인 세계관을 가지려고 애쓰고, 죽음이 없는 영생을 나의 것으로 만들기 위해 신앙을 갖는 자들이 많습니다.

이 무한대의 개념은 우리가 지금 공부하고자 하는 '수열의 극한'에서뿐만 아니라 '미분·적분'을 이해하는 데 가장 기본이 되는 분야이기도 합니다. 이 미분·적분이 과학을 발전시켜 나가는데 가장 중요한 도구로 사용되어진다는 사실을 생각하면, 이 극한의 개념은 정말 중요한 분야일 수 밖에 없답니다. 이제 그 극한의 세계, 무한대의 세계로 여행을 해보기로 해요.

끊임없이 이어지는 수열의 끝은?

지금까지 우리는 유한수열에 대해 공부했습니다. 이젠 **무한수열**에 대해서 공부할 차례입니다. 유한, 무한의 의미는 다 알죠? 항이 끊이지 않고 계속 이어지는 수열이 무한수열입니다. 그런데 항이 무한이 이어지면 어떤 값에 접근할까요?

수학에서는 이러한 극한(limit)의 개념이 정말 중요합니다. 이 극한이 바탕이 되어 미·적분이 탄생했고 나아가 과학의 전 분야에까지 영향을 주게 된 겁니다.

무한수열의 수렴, 발산

수열 $\{a_n\}$에서 항의 번호 n은 자연수. 이 n이 무한대(無限大 : ∞)로 커질 때 이 수열의 항 a_n은 어떤 값으로 접근할까요?

(1) $1, \dfrac{1}{2}, \dfrac{1}{3}, \dfrac{1}{4}, \cdots, \dfrac{1}{n}, \cdots$를 생각해봐요. 분모가 계속적으로 커진다는 사실! 결국 0에 점점 가까워지겠죠? 이런 경우를 이 수열이 **0에 수렴한다**(converge)라는 표현을 씁니다. 수렴의 의미는 '한 점으로 모인다' 는 뜻입니다.

$n \to \infty$일 때, $\dfrac{1}{n} \to 0$임을 $\lim\limits_{n \to \infty} \dfrac{1}{n} = 0$로 표현합니다.

즉, $\lim\limits_{n \to \infty} a_n = 0$

결국 수렴할지 혹은 발산할지를 확인하려면 $\lim\limits_{n \to \infty} a_n$을 구해보면 됩니다.

(2) $2, 4, 6, 8, \cdots, 2n, \cdots$의 경우는 계속적으로 커지는 수열입니다. 결국 ∞로 가겠죠. 이를 수학적인 표현으로 **∞로 발산한다**(diverge)고 합니다. 발산의 의미는 '갈라져나간다', '흩어진다' 라는 뜻이에요.

$n \to \infty$일 때 a_n은 어떤 변화가 있을까요? $n \to \infty$일 때, $2n \to \infty$, 즉 $\lim\limits_{n \to \infty} a_n = \lim\limits_{n \to \infty} 2n = \infty$입니다. 그러므로 발산!

(3) 또 다른 한 가지

$-1, 1, -1, 1, \cdots, (-1)^n, \cdots$의 경우는 아무리 항이 계속되어도 -1과 1이 반복돼요.

이런 경우는 수렴하는 것이 아닙니다. 특히 이런 경우는 '**진동한다**'라는 용어를 써요.

한 점으로 모아지지 않지요? 그러니까 수렴하지 않는 거죠. 따라서 진동하는 것도 발산의 경우에 포함시킨다는 사실을 주목하세요.

결론! 무한수열의 수렴, 발산은 $\lim\limits_{n \to \infty} a_n$을 조사해보면 됩니다. 즉, $\lim\limits_{n \to \infty} a_n$의 극한값이 하나의 일정한 수(상수)가 되면 그 값에 '수렴' 하는 것이고, $+\infty$또는 $-\infty$이면 '발산' 하는 거예요. 그리고 진동하는 경우도 발산이란 사실에 주목합시다.

핵심포인트 **무한수열의 수렴, 발산**

무한수열 $a_1, a_2, a_3, \cdots, a_n, \cdots$의 수렴, 발산을 확인하는 방법

$$\lim_{n \to \infty} a_n = \begin{cases} a(\text{상수}) : 수렴 \\ \pm\infty : 발산 \\ 진동 : 발산 \end{cases}$$

잠깐! ∞와 0(무한소:無限小)의 개념을 알고 넘어갑시다. 문자 그대로 무한대는 무한히 크다는 뜻이고 무한소는 무한히 작다는 뜻인데 여기서 무한소는 무한히 **zero(0)**에 접근하는 수를 말합니다. 이것을 참고로 아래의 관계를 먼저 익혀야 극한을 제대로 이해할 수 있어요.

$\infty + a = \infty$, $\infty - a = \infty$, $\infty \times a = \pm\infty$ (a의 부호에 따라),

$\infty \times \infty = \infty$

$\dfrac{a}{\infty} = 0$, $\dfrac{\infty}{a} = \pm\infty$ (단, $a \neq 0$),

$\dfrac{a}{0} = \pm\infty$ (여기서 0는 무한소, $a \neq 0$)

- 위에 사용된 등호(=)는 2+3=5와 같은 산술적인 개념으로 보지 말고 왼쪽의 결과는 결국 오른쪽으로 바뀐다는 뜻으로만 봐준다면 무리 없이 이해될 것입니다.

$\infty + 3 = \infty$, $\infty + 100 = \infty$, $\cdots$ 등이 이해되면 $\infty + a = \infty$가 이해되겠죠. $\infty - 5 = \infty$, $\infty - 10000 = \infty$, $\cdots$ 등이 이해되면 $\infty - a = \infty$도 이해되겠죠.

$\infty \times 3 = \infty$, $\infty \times (-3) = -\infty$, $\dfrac{\infty}{7} = \infty$, $\dfrac{\infty}{-7} = -\infty$,

$\dfrac{3}{\infty} = 0$, $\cdots$

그런데 $a \neq 0$일 때, $\dfrac{a}{0} = \pm\infty$은 어떻게 이해할까요?

$y = \dfrac{1}{x}$의 그래프를 알고 있죠?

이걸 이용해서 확인해봐요. $\lim\limits_{x \to 0} \dfrac{1}{x} = ?$

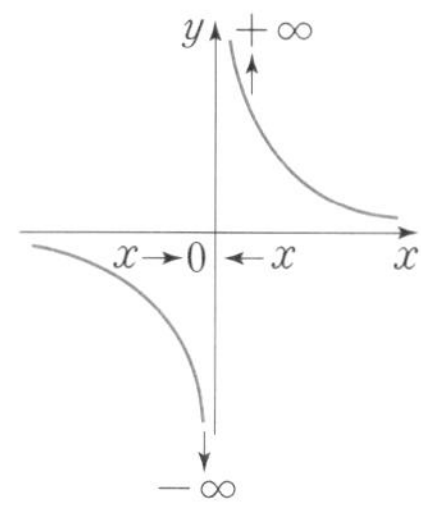

그래프에서 확인할 수 있듯이 x가 양의 부분에서 0에 접근하면 $+\infty$로 발산되고 음의 부분에서 0에 접근하면 $-\infty$로 발산됨을 알 수 있죠? 즉, $\lim\limits_{x \to 0} \dfrac{1}{x} = \pm\infty$

숫자로 예를 들어보죠.

$\dfrac{1}{\pm 0.1} = \pm 10, \ \dfrac{1}{\pm 0.0001} = \pm 10000, \ \cdots$ 분모가 0에 한없이 접근해가면 $\pm\infty$

① $\dfrac{\infty}{\infty}$형의 극한값 구하기 $\Rightarrow$ 분모의 최고차 항으로 분모, 분자를 나눕니다.

② $\begin{cases} \infty - \infty \\ 0 \times \infty \end{cases}$ 형의 극한값 구하기

$\Rightarrow$ 통분 또는 유리화하면

$\Rightarrow$ $\dfrac{a}{\infty}$ 또는 $\dfrac{\infty}{\infty}$의 형태로 바뀝니다.

Tip Box 부정형 이해하기

$\infty + a = \infty$, $\infty \times a = \pm \infty$, $\dfrac{a}{0} = \pm \infty$이 성립하므로 $\infty - \infty = a$, $\dfrac{\infty}{\infty} = \pm a$, $0 \times \infty = \pm a$로 변형될 수 있죠. 여기서 a는 임의의 수입니다. 그러므로 $\infty - \infty$, $\dfrac{\infty}{\infty}$, $0 \times \infty$를 부정형(값을 정할 수 없는 형태)이라고 합니다.

이제 부정형의 극한에 대한 예를 들어봅시다.

(1) $\displaystyle\lim_{n \to \infty} \dfrac{2n+1}{3n^2 - 4n + 2}$의 극한값을 구해봅시다.

$\dfrac{\infty}{\infty}$형임을 알 수 있지요? 분모의 최고차 항은 2차, 그래서

n^2으로 분모, 분자를 나누면 해결책이 나오죠.

$$\lim_{n \to \infty} \frac{\dfrac{2}{n} + \dfrac{1}{n^2}}{3 - \dfrac{4}{n} + \dfrac{2}{n^2}} = \frac{0+0}{3-0+0} = \frac{0}{3} = 0$$

$\dfrac{a}{\infty} = 0$임이 적용됨! $\dfrac{1}{n}, \dfrac{1}{n^2}, \dfrac{4}{n}, \dfrac{4}{n^2} \to 0$

(2) $\lim\limits_{n \to \infty} \dfrac{2n^2+1}{3n^2-4n+2}$ 의 극한값은 어떻게 될까요?

같은 방법으로 분모의 최고차 항은 2차, 그래서 n^2으로 분모, 분자를 나눕니다.

$$(준식) = \lim_{n \to \infty} \frac{2 + \dfrac{1}{n^2}}{3 - \dfrac{4}{n} + \dfrac{2}{n^2}} = \frac{2+0}{3-0+0} = \frac{2}{3}$$

(3) $\lim\limits_{n \to \infty} \dfrac{2n^2+3n+1}{3n+5}$ 의 극한을 생각해봅시다.

분모의 최고차 항은 1차. 그래서 n으로 분모, 분자를 나눕시다.

$$(준식) = \lim_{n \to \infty} \frac{2n + 3 + \dfrac{1}{n}}{3 + \dfrac{5}{n}} = \frac{\infty + 3 + 0}{3+0} = \frac{\infty}{3} = \infty$$

위의 3가지 예를 눈여겨봅시다. (1)번의 경우는 분자보다 분모의 차수가 크죠? 그러면 극한값은 반드시 0이 됩니다. 또 (2)번과 같이 분모 분자의 차수가 같으면 분모 분자의 최고차 계수의 비(比)가 답이 돼요. 분자의 2차 항의 계수 2, 분모의 2차항의 계수 3이므로 $\dfrac{2}{3}$이 된다는 뜻이죠. 또 분모의 차수가 분자에 비해 더 작은 경우는 ∞(또는 $-\infty$)로 발산하죠. 이것을 기억해두면 계산의 시간을 많이 줄일 수 있습니다.

Tip Box 알아두면 행복한 계산의 비타민!

$\dfrac{\infty}{\infty}$형태(밑수$\rightarrow\infty$)에서 극한값을 확인하는 방법

① (분모의 최고차수)>(분자의 최고차수) : 극한값은 0

② (분모의 최고차수)=(분자의 최고차수) : 극한값은

$$\dfrac{(분자\ 최고차\ 항의\ 계수)}{(분모\ 최고차\ 항의\ 계수)}$$

③ (분모의 최고차수)<(분자의 최고차수) : 극한은 ∞ (또는 $-\infty$)

다음 극한을 구해봅시다.

(1) $\displaystyle\lim_{n\to\infty}\dfrac{3n+2}{2n^2+3n-4}$ (2) $\displaystyle\lim_{n\to\infty}\dfrac{3n^2-4n+2}{5n^2+3n+1}$

(3) $\displaystyle\lim_{n \to \infty} \frac{-2n^2+3}{5n+1}$

(1) 분모의 최고 차수는 n의 2차이므로 분모, 분자를 n^2으로 나눕니다.

$$(준식) = \lim_{n \to \infty} \frac{\dfrac{3}{n} + \dfrac{2}{n^2}}{2 + \dfrac{3}{n} - \dfrac{4}{n^2}} = \frac{0+0}{2+0-0} = \frac{0}{2} = \mathbf{0}$$

※ 분자의 차수보다 분모의 차수가 크므로 0입니다.

(2) 분모의 최고차수 n^2으로 분모, 분자를 나누면,

$$(준식) = \lim_{n \to \infty} \frac{3 - \dfrac{4}{n} + \dfrac{2}{n^2}}{5 + \dfrac{3}{n} + \dfrac{1}{n^2}} = \frac{3-0+0}{5+0+0} = \mathbf{\frac{3}{5}}$$

※ 분모, 분자의 차수가 같음으로 최고차 항의 계수의 비 $\dfrac{3}{5}$ 입니다.

(3) 분모의 최고차수 n으로 분모, 분자를 나누면

$$(준식) = \lim_{n \to \infty} \frac{-2n + \dfrac{3}{n}}{5 + \dfrac{1}{n}} = \frac{-\infty + 0}{5+0} = -\infty$$

※ 분자의 차수가 분모의 차수보다 더 크므로 ∞, 이 문제에서는 $-\infty$

극한값 $\displaystyle\lim_{n\to\infty}\dfrac{1^2+2^2+3^2+\cdots+n^2}{n(1+2+3+\cdots+n)}$ 을 구해봅시다.

$1^2+2^2+3^2+\cdots+n^2=\displaystyle\sum_{k=1}^{n}k^2=\dfrac{n(n+1)(2n+1)}{6}$ 인 것 알죠?

또, $1+2+3+\cdots+n=\displaystyle\sum_{k=1}^{n}k=\dfrac{n(n+1)}{2}$ 인 것도 기억하

나요?

$$(준식)=\lim_{n\to\infty}\frac{\dfrac{n(n+1)(2n+1)}{6}}{n\times\dfrac{n(n+1)}{2}}=\lim_{n\to\infty}\frac{2n(n+1)(2n+1)}{6n^2(n+1)}$$

$$=\lim_{n\to\infty}\frac{4n^3+6n^2+2n}{6n^3+6n^2}=\frac{4}{6}=\frac{2}{3}$$

※ 분모, 분자 차수가 같습니다. 최고차 항의 계수의 비가 극한값

극한값 $\lim\limits_{n \to \infty}(\sqrt{n^2+3n}-n)$ 을 구해봅시다.

$\infty-\infty$ 형태이므로 유리화하면 $\dfrac{a}{\infty}$ 또는 $\dfrac{\infty}{\infty}$ 형태로 바뀌게 되죠.

$$(\text{준식}) \quad \lim_{n \to \infty} \frac{\sqrt{n^2+3n}-n}{1}$$

$$= \lim_{n \to \infty} \frac{(\sqrt{n^2+3n}-n)(\sqrt{n^2+3n}+n)}{\sqrt{n^2+3n}+n} \quad \leftarrow \text{분자를 유리화}$$

$$= \lim_{n \to \infty} \frac{(\sqrt{n^2+3n})^2-n^2}{\sqrt{n^2+3n}+n}$$

$$= \lim_{n \to \infty} \frac{3n}{\sqrt{n^2+3n}+n} = \lim_{n \to \infty} \frac{3}{\sqrt{1+\dfrac{3}{n}}+1} = \frac{3}{2}$$

분모의 최고차 n으로 분모, 분자를 나눕니다.

$n=\sqrt{n^2}$ 이므로 $\sqrt{}$ 안은 n^2 으로 나누어야 합니다.

※ 분모, 분자가 같은 차수이므로 분모, 분자의 1차계수의 비로 답을 구할 수도 있습니다.

지수가 ∞가 되면 극한값이 어떻게 될까?

$n \to \infty$일 때 r^n은 어떻게 될까요? 아마 거의 90% 이상이 ∞라고 답할 거예요.

왜냐고 물으면 지수가 ∞이니 당연하지 않겠느냐고 하겠죠?

하지만 그것은 착각입니다. 바로 r의 범위에 따라 달라진답니다. r의 범위는 -1과 1을 경계로 범위가 나뉘어집니다.

$$-1 < r < 1 일\ 때는\ \lim_{n \to \infty} r^n = 0$$

$$r < -1 일\ 때는\ \lim_{n \to \infty} r^n = \pm\infty, \quad r > 1 일\ 때는\ \lim_{n \to \infty} r^n = \infty$$

$$r = 1 일\ 때는\ \lim_{n \to \infty} r^n = 1,$$

$$r = -1 일\ 때는\ \lim_{n \to \infty} r^n = \pm 1$$

 **핵심포인트** **지수가 ∞일 경우의 극한값**

$\lim_{n \to \infty} r^n$의 극한값은?

① $|r| < 1$ (즉, $-1 < r < 1$) 일 때, 0

② $|r| > 1$ (즉, $r < -1$ 또는 $r > 1$)일 때, $\pm\infty$

　　(참고 : ① $r < -1$일 때, $\pm\infty$　② $r > 1$일 때, ∞)

③ $r = 1$ 일 때, 1

④ $r = -1$일 때, ± 1

예를 들어보면

① $-1<r<1$일 때의 예 : $\lim\limits_{n \to \infty}\left(\dfrac{2}{3}\right)^n=0,\ \lim\limits_{n \to \infty}\left(\dfrac{99}{100}\right)^n=0$

② $r<-1$일 때의 예 : $\lim\limits_{n \to \infty}(-5)^n=\pm\infty$

이 경우는 보충 설명을 해야 되겠죠?

'왜 $\pm$가 붙을까' 라는 의심이 들지 않습니까?

n은 수열의 항 번호란 걸 잘 알고 있죠? 그렇다면 n이 자연수라는 것도 알겠네요.

자연수 n이 ∞로 한없이 커지는 겁니다. 아무리 커져도 짝수와 홀수가 반복되겠죠. 그러니 $\pm\infty$가 되는 겁니다.

③ $r=-1$일 때 즉, $\lim\limits_{n \to \infty}(-1)^n=\pm1$

이 경우의 부호 변화도 ②번의 경우와 마찬가지입니다.

이제 이와 관련된 극한값을 구해봅시다.

(1) $\lim\limits_{n \to \infty}\dfrac{2\times3^n+2^n}{3\times4^n-3^n}$의 극한값을 구해봅시다.

이 문제와 같이 지수가 ∞일 경우의 극한값 구하는 방법은 분모, 분자의 밑수 중 가장 큰 밑수의 n제곱으로 분모, 분자를 나누면 됩니다. 즉 4^n으로 분모, 분자를 나누면 된다는 거죠.

$$\text{(준식)}=\lim\limits_{n \to \infty}\dfrac{2\times\left(\dfrac{3}{4}\right)^n+\left(\dfrac{2}{4}\right)^n}{3-\left(\dfrac{3}{4}\right)^n}=\dfrac{2\times0+0}{3-0}=\dfrac{0}{3}=0$$

$-1<r<1$일 때는 $\lim\limits_{n \to \infty}r^n=0$임을 이용! $\dfrac{3}{4},\ \dfrac{2}{4}$는 모두 이 범위에 있습니다

(2) $\displaystyle\lim_{n\to\infty}\dfrac{2\times 5^n+3^n}{3\times 5^n+4^n}$ 의 극한값을 구해봅시다.

분모, 분자의 밑수 3, 4, 5 중 가장 큰 밑수의 n제곱, 즉 5^n으로 분모, 분자를 나눠요.

$$(\text{준식})=\lim_{n\to\infty}\dfrac{2+\left(\dfrac{3}{5}\right)^n}{3+\left(\dfrac{4}{5}\right)^n}=\dfrac{2+0}{3+0}=\dfrac{2}{3}$$

$\quad\curvearrowleft$ $-1<r<1$일 때는 $\displaystyle\lim_{n\to\infty}r^n=0$임을 이용! $\dfrac{3}{5}$, $\dfrac{4}{5}$는 모두 이 범위에 있습니다

(3) $\displaystyle\lim_{n\to\infty}\dfrac{5^n+3^n}{3\times 2^n+4^n}$ 의 극한을 구해봅시다.

같은 방법으로 분모, 분자를 5^n으로 나누면 되겠죠?

$$(\text{준식})=\lim_{n\to\infty}\dfrac{1+\left(\dfrac{3}{5}\right)^n}{3\times\left(\dfrac{2}{5}\right)^n+\left(\dfrac{4}{5}\right)^n}=\dfrac{1+0}{3\times 0+0}=\dfrac{1}{+0}=\infty$$

$\quad\curvearrowleft$ $-1<r<1$일 때는 $\displaystyle\lim_{n\to\infty}r^n=0$임과 $\dfrac{a}{0}=\pm\infty$을 이용!

이 경우의 0은 $zero$(제로)가 아닌 것 다 알죠? 무한소라고 했습니다!

또 $\left(\dfrac{2}{5}\right)^n$, $\left(\dfrac{4}{5}\right)^n$은 모두 양수이기 때문에 $+0$으로 표기했어요.

$\dfrac{\infty}{\infty}$ 형태(지수$\to\infty$)에서 극한값을 빨리 구하는 방법

① (분모의 최대 밑수) $>$ (분자의 최대 밑수) : 극한값은 0

② (분모의 최대 밑수) $=$ (분자의 최대 밑수) : 극한값은

$$\dfrac{(\text{분자의 최대 밑수 항의 계수})}{(\text{분모의 최대 밑수 항의 계수})}$$

③ (분모의 최대 밑수) $<$ (분자의 최대 밑수) : 극한은 ∞ (또는 $-\infty$)

이 속해법을 위에서 다룬 문제에서 확인해보면 정말 편한 계산법이란 걸 알 겁니다.

$\displaystyle\lim_{n\to\infty}\dfrac{2\times3^n+2^n}{3\times4^n-3^n}$ 의 경우는 분자의 제일 큰 밑수 3보다 분모의 제일 큰 밑수 4가 더 크죠? 그래서 극한값은 0이에요.

$\displaystyle\lim_{n\to\infty}\dfrac{2\times5^n+3^n}{3\times5^n+4^n}$ 의 경우는 분모, 분자 최대 밑수는 모두 5이죠? 5^n의 계수의 비 $\dfrac{2}{3}$가 극한값입니다.

$\displaystyle\lim_{n\to\infty}\dfrac{5^n+3^n}{3\times2^n+4^n}$ 의 경우는 분자의 최대 밑수 5가 분모의 최대 밑수 4보다 크기 때문에 ∞입니다.

수열 $a_1=1$, $a_{n+1}=\dfrac{2}{3}a_n+1$에서 $\displaystyle\lim_{n\to\infty}a_n$의 값을 구해봅시다.

〈제1방법〉 이미 수열 편에서 공부한 문제입니다.

a_n 구하는 과정은 생략!

$a_n=3-2\left(\dfrac{2}{3}\right)^{n-1}$ 입니다. $\displaystyle\lim_{n\to\infty}a_n=\lim_{n\to\infty}\left\{3-2\left(\dfrac{2}{3}\right)^{n-1}\right\}=\mathbf{3}$

$-1<r<1$일 때는 $\displaystyle\lim_{n\to\infty}r^n=0$임을 이용!

$n\to\infty$일때, $\left(\dfrac{2}{3}\right)^{n-1}\to 0$

〈제2방법〉 이 문제를 다른 각도에서 다뤄봅시다.

예를 들어 1, $\dfrac{1}{2}$, $\dfrac{1}{3}$, $\dfrac{1}{4}$, $\cdots$, $\dfrac{1}{n}$, $\dfrac{1}{n+1}$ $\cdots$은 0에 수렴하죠?

$$\lim_{n\to\infty}\frac{1}{n}=\lim_{n\to\infty}\frac{1}{n+1}=\cdots=0$$

즉, $\displaystyle\lim_{n\to\infty}a_n=\lim_{n\to\infty}a_{n+1}=\cdots=0$

수열 $\{a_n\}$이 x에 수렴한다면 $\displaystyle\lim_{n\to\infty}a_n=\lim_{n\to\infty}a_{n+1}=\cdots=x$라

둘 수 있어요.

$a_{n+1} = \dfrac{2}{3} a_n + 1$의 경우도 양변에 $\displaystyle\lim_{n \to \infty}$을 붙여

$\displaystyle\lim_{n \to \infty} a_{n+1} = \dfrac{2}{3} \lim_{n \to \infty} a_n + 1$로 두면, $x = \dfrac{2}{3} x + 1$의 관계가 성립!

x값을 구하면 $x=3$이 나오죠? $\therefore \displaystyle\lim_{n \to \infty} a_n = \mathbf{3}$

어때요? 이 방법을 활용하면 계산이 빠르겠죠? 물론 수열
이 수렴할 때만 가능한 겁니다.

무한 등비수열 알아보기

앞에서 배운 등비수열이 무한히 이어질 때 수렴, 발산에 대
해 생각해볼 차례입니다.

핵심포인트　무한 등비수열의 수렴, 발산

무한 등비수열 $a,\ ar,\ ar^2,\ ar^3,\ \cdots,\ ar^{n-1},\ \cdots$에서

수렴할 조건 : $-1 < r \le 1$ 또는 $a = 0$

- 첫 번째 항(a)이 0되는 경우엔 모든 항이 0이 되므로 결국 0에 수렴하는 것
  으로 봅니다.

무한 등비수열 $a,\ ar,\ ar^2,\ ar^3,\ \cdots,\ ar^{n-1},\ \cdots$의 수렴, 발산을
조사해봅시다.

모든 무한수열의 수렴, 발산의 조사는 $\lim\limits_{n\to\infty} a_n$으로 한다는 것 알고 있죠?

$$\lim_{n\to\infty} a_n = \lim_{n\to\infty} ar^{n-1} = ?$$

그런데 $n\to\infty$이므로 지수$(n-1)$가 ∞ 되므로 밑수 r의 범위에 따라 결과가 달라진다는 것 바로 앞에서 공부했어요.

i) $-1<r<1$이면, $\lim\limits_{n\to\infty} ar^{n-1}=0$ (수렴)

$-1<r<1$일 때는 $\lim\limits_{n\to\infty} r^n=0$임을 이용!

ii) $r<-1$ 또는 $r>1$이면, $\lim\limits_{n\to\infty} ar^{n-1}=\pm\infty$ (발산)

$r<-1$ 또는 $r>1$일 때는 $\lim\limits_{n\to\infty} r^n=\pm\infty$임을 이용!

iii) $r=1$이면, $\lim\limits_{n\to\infty} ar^{n-1}=a$ (수렴)

iv) $r=-1$이면, $\lim\limits_{n\to\infty} ar^{n-1}=\pm a$ (진동 : 발산)

$r=-1$일 때는 $\lim\limits_{n\to\infty} r^n=\pm 1$임을 이용!

이제 무한 등비수열의 수렴할 조건이 $-1<r\leq 1$인 이유를 알겠죠?

예를 들면 무한등비수열

$1,\ -\dfrac{1}{2},\ \dfrac{1}{4},\ -\dfrac{1}{8},\ \dfrac{1}{16},\ \cdots$의 경우는 공비$(r)$가 $-\dfrac{1}{2}$이므

로 $-1 < r \leqq 1$을 만족하고 수렴합니다.

$1, \dfrac{3}{2}, \dfrac{9}{4}, \dfrac{27}{8}, \dfrac{81}{16}, \cdots$의 경우는 $r = \dfrac{3}{2}$이므로 수렴 조건

$-1 < r \leqq 1$의 범위에 있지 않죠? 그래서 발산입니다!

무한수열 $\{(\log_2 x - 1)^n\}$이 수렴할 때의 x의 범위를 구해봅시다.

$a_n = (\log_2 x - 1)^n$이므로 첫 번째 항부터 써보면,

$\log_2 x - 1, (\log_2 x - 1)^2, (\log_2 x - 1)^3, \cdots$ 첫 번째 항과 공

비 모두 $\log_2 x - 1$임을 알겠죠?

공비 r의 범위가 $-1 < r \leqq 1$이면 되고 첫 번째 항 $a_1 = 0$인

경우는 $a_1 = r$이므로 이미 $-1 < r \leqq 1$에 포함되어 있으므

로 별도로 다룰 필요가 없겠죠?

$-1 < \log_2 x - 1 \leqq 1, \ 0 < \log_2 x \leqq 2, \ \log_2 1 < \log_2 x \leqq \log_2 2^2$

$\therefore \mathbf{1 < x \leqq 4}$

수열 $\left\{\left(\dfrac{2x-1}{4}\right)^{n}\right\}$ 이 수렴하기 위한 정수 x의 개수를 k라 할 때, $10k$의 값을 구하세요.

$a_n=\left(\dfrac{2x-1}{4}\right)^{n}$ 에서 $n=1,\ 2,\ 3\cdots$ 이렇게 넣어보세요.

$\dfrac{2x-1}{4},\ \left(\dfrac{2x-1}{4}\right)^{2},\ \left(\dfrac{2x-1}{4}\right)^{3},\cdots$ 분명히 첫째 항과 공비가

모두 $\dfrac{2x-1}{4}$ 인 무한 등비수열임을 알 수 있죠.

그래서 앞에서 공부한 **'핵심포인트'** 를 참고해보세요.

$-1<\dfrac{2x-1}{4}\leq 1$ 이면 이 무한 등비수열은 수렴하게 되죠.

정리하면, $-4<2x-1\leq 4$ $\therefore -\dfrac{3}{2}<x\leq\dfrac{5}{2}$

정수인 x의 값은 -1, 0 , 1, 2 그래서 $k=4$가 되겠죠.

$\therefore 10k = \mathbf{40}$ $\qquad\qquad\qquad\qquad$ 정답 : **40**

수열을 무한히 더해간다면 결국은?

앞에서 우리는 유한수열이 아닌 무한수열을 공부했죠. 그런데 이런 생각은 안 드나요? 이 무한수열을 무한히 더해보고 싶은 욕망 같은 것 말이죠.

예를 들어서, 1+2+3+4+⋯+⋯ 이 수열을 무한히 더한다면 무한히 커질 수밖에 없겠죠. 이런 경우 우리는 '합을 구할 수 없다' 라고 합니다. 수학적 용어로는 '무한급수가 발산한다' 라는 용어를 씁니다. 그러나 신기하게도 어떤 규칙을 지니면서 무한히 이어지는 수열을 더했을 때 일정한 수에 접근하는 경우도 있다는 신비한 사실! 수학의 위대성은 바로 여기에 있습니다. 이런 것을 확인하는 유일한 방법은 앞에서 공부한 극한의 개념을 활용하는 길뿐이랍니다.

고차원적인 수학의 길을 열어준 것이 바로 이 극한의 개념입니다. '미분·적분'의 신비의 문을 열었고, 우리가 결코 미칠 수 없는 그 무한대의 자리까지 가늠하고, 셈할 수도 있는 신비스런 도구로 사용할 수도 있다는 사실입니다. 이런 기대감 속에서 공부를 시작한다면 흥미롭게 접근할 수 있으리라 믿습니다.

무한히 더해가는 수열을 만들어보자!

무한급수의 합은 어떻게 구할까?

무한수열을 한없이 더한 것 즉, $a_1+a_2+a_3+a_4+\cdots+a_n+\cdots$을 무한급수(infinite series)라 한답니다. 그런데 무한히 더한다는 것이 가능할까요?

하나하나 더해나간다면 평생 더해도 다 더할 수 없겠죠? 그럼 어떻게 하면 될까요?

무한급수의 합을 구하는 방법은 일단 n항까지만 더하는 겁니다.

$$S_n=a_1+a_2+a_3+a_4+\cdots+a_n=\sum_{k=1}^{n} a_k$$

그리고 n을 ∞로! 즉 항을 무한히 더한다는 의미를 갖겠죠.

$n \to \infty$일 때 $S_n \to S$(상수)가 될 때 이때의 S가 무한급수의

합이 되는 거죠. 바꾸어 말하면 이 무한급수는 S에 수렴하는 것입니다.

즉, $\lim\limits_{n \to \infty} S_n = \lim\limits_{n \to \infty} \sum\limits_{k=1}^{n} a_k = S$

 **핵심포인트**　　**무한급수의 수렴, 발산**

수열 $\{a_n\}$에서 무한급수

$a_1 + a_2 + a_3 + a_4 + \cdots + a_n + \cdots$의 수렴과 발산

① $\lim\limits_{n \to \infty} S_n = \begin{cases} S(\text{상수}) : \text{수렴} \\ \pm\infty : \text{발산} \\ \text{진동} : \text{발산} \end{cases}$

② $\lim\limits_{n \to \infty} S_n = \lim\limits_{n \to \infty} \sum\limits_{k=1}^{n} a_k = S$ (상수)일 때,

무한급수의 합은 존재하며 그 합이 S입니다.

이제 예를 들어봅시다.

(1) $1 + \dfrac{1}{2} + \dfrac{1}{2^2} + \dfrac{1}{2^3} + \cdots + \dfrac{1}{2^{n-1}} + \cdots$의 합을 구해봅시다.

우선 n항까지의 합을 구합니다. 등비수열의 합 공식

$S_n = \dfrac{a(1-r^n)}{1-r}$ 을 이용합니다.

$$S_n = \frac{1 \times \left\{ 1 - \left(\frac{1}{2}\right)^n \right\}}{1 - \left(\frac{1}{2}\right)} = 2\left\{ 1 - \left(\frac{1}{2}\right)^n \right\} \text{ 이제 } n \to \infty \text{로}$$

$$\lim_{n \to \infty} S_n = \lim_{n \to \infty} 2\left\{ 1 - \left(\frac{1}{2}\right)^n \right\} = 2(1-0) = 2$$

↳ $-1 < r < 1$일 때는 $\lim\limits_{n \to \infty} r^n = 0$임을 이용!

이 결과에서 무한급수의 합은 2입니다.

이 경우 우리는 '무한급수가 2에 수렴한다' 라고 말합니다.

(2) $2 + 4 + 6 + 8 + \cdots + 2n + \cdots$의 합을 구해봅시다.

상식적으로 생각해봅시다. 계속 더해가면 얼마든지 커질 수 있겠죠? 결국 ∞로 발산하게 됩니다.

이제 위에서 설명했던 방법을 이용해서 확인해봅시다.

$$S_n = 2 + 4 + 6 + \cdots + 2n = \frac{n(2+2n)}{2}$$

$$= \frac{2n(n+1)}{2} = n(n+1)$$

↳ 등차수열의 합 공식 $S_n = \dfrac{n(a+l)}{2}$ 을 이용!

$$\lim_{n \to \infty} S_n = \lim_{n \to \infty} n(n+1) = \infty \text{ (발산)}$$

무한급수 $\displaystyle\sum_{n=1}^{\infty}\frac{1}{n(n+1)}$ 의 수렴, 발산을 확인해봅시다.

먼저 $\dfrac{C}{AB}=\dfrac{C}{B-A}\left(\dfrac{1}{A}-\dfrac{1}{B}\right)$ 관계가 성립함을 이용해야 해결될 수 있습니다.

이 관계식은 한 개의 분수를 두 개의 분수로 나누는 방법이죠. 확인방법은 오른쪽을 통분해서 정리해봐요. 왼쪽과 같은 결과가 나옴을 확인할 수 있을 거예요.

모든 분수형태의 수열의 합은 이 방법을 쓰면 됩니다.

$a_n=\dfrac{1}{n(n+1)}$ 이므로 $a_n=\dfrac{1}{n(n+1)}=\dfrac{1}{n}-\dfrac{1}{n+1}$

우선 n항까지의 합을 구해야죠.

$$S_n=\left(1-\frac{1}{2}\right)+\left(\frac{1}{2}-\frac{1}{3}\right)+\left(\frac{1}{3}-\frac{1}{4}\right)+\cdots+\left(\frac{1}{n}-\frac{1}{n+1}\right)$$
$$=1-\frac{1}{n+1}$$

무한급수의 수렴, 발산 조사는 $\lim\limits_{n\to\infty} S_n$으로 확인한다고 했죠?

$$\sum_{n=1}^{\infty} \frac{1}{n(n+1)} = \lim_{n\to\infty} S_n = \lim_{n\to\infty}\left(1 - \frac{1}{n+1}\right) = 1$$

그러므로 **1**에 수렴합니다.

실전문제 | 01

다음 무한급수의 수렴과 발산을 조사해봅시다.

$$\frac{1}{2} - \frac{1}{3} + \frac{1}{3} - \frac{1}{4} + \frac{1}{4} - \frac{1}{5} + \frac{1}{5} - \cdots - \frac{1}{n+1} + \frac{1}{n+1} \cdots$$

이 문제는 홀수개의 항을 더해보면 항상 $\dfrac{1}{2}$이 되겠죠?

그러나 짝수개의 항을 더해보면 $\dfrac{1}{2}$이 아님을 알 수 있습니다.

이와 같은 형태의 무한급수의수렴, 발산의 조사는 짝수개의 항을 합하여 극한을 구해보고, 홀수개의 항을 합하여 극한을 구해봐서 그 극한 값이 같으면 그 값으로 수렴하는 것이고, 극한 값이 다르게 나오면 발산(진동)하는 겁니다.

먼저 $2m$개의 항을 더한 것의 극한인 $\lim\limits_{m\to\infty} S_{2m}$을 구하고, $2m+1$개의 항을 더한 극한인 $\lim\limits_{m\to\infty} S_{2m+1}$을 구해서 $\lim\limits_{m\to\infty} S_{2m}$와 $\lim\limits_{m\to\infty} S_{2m+1}$이 같은지 다른지를 확인해서 수렴, 발산을 결정하게 되는 거죠. $2m$개의 항을 둘씩 묶어서 계산해봅시다. 둘씩 (　)로 묶었으니까 (　)의 개수는 m개가 된다는 사실을 알 수 있겠죠? 바로 이웃해서 하나씩 지워지고 처음과 끝만 남는 것 확인해봐요.

$$S_{2m}=\left(\frac{1}{2}-\frac{1}{3}\right)+\left(\frac{1}{3}-\frac{1}{4}\right)+\left(\frac{1}{4}-\frac{1}{5}\right)+\cdots$$

$$+\left(\frac{1}{m+1}-\frac{1}{m+2}\right)=\frac{1}{2}-\frac{1}{m+2}$$

$$\therefore \lim_{m\to\infty} S_{2m}=\lim_{m\to\infty}\left(\frac{1}{2}-\frac{1}{m+2}\right)=\frac{1}{2}$$

$$S_{2m+1}=S_{2m}+\frac{1}{m+2}$$

 $\llcorner$ $2m$항까지의 합 S_{2m}에 $2m+1$번째 항 $\dfrac{1}{m+2}$를 더한 것!

$$\therefore \lim_{m\to\infty}S_{2m+1}=\lim_{m\to\infty}\left(S_{2m}+\frac{1}{m+2}\right)$$

$$=\lim_{m\to\infty}S_{2m}+\lim_{m\to\infty}\frac{1}{m+2}=\frac{1}{2}+0=\frac{1}{2}$$

$$\lim_{m\to\infty}S_{2m}=\lim_{m\to\infty}S_{2m+1}=\frac{1}{2}$$ 이므로 이 무한급수는

$\dfrac{1}{2}$ 에 수렴합니다.

다음 무한급수의 수렴과 발산을 조사해봅시다.

(1) $2-\dfrac{3}{2}+\dfrac{3}{2}-\dfrac{4}{3}+\dfrac{4}{3}-\dfrac{5}{4}+\dfrac{5}{4}-\cdots+\dfrac{n+1}{n}-\dfrac{n+2}{n+1}$

$+\cdots$

(2) $\left(2-\dfrac{3}{2}\right)+\left(\dfrac{3}{2}-\dfrac{4}{3}\right)+\left(\dfrac{4}{3}-\dfrac{5}{4}\right)+\cdots+\left(\dfrac{n+1}{n}-\dfrac{n+2}{n+1}\right)$

$+\cdots$

(1) 앞에서 푼 실전문제와 같은 형태의 문제입니다.

같은 방법으로 $\lim\limits_{m\to\infty} S_{2m}$, $\lim\limits_{m\to\infty} S_{2m+1}$을 구해서 비교해봅시다.

$$\lim_{m\to\infty} S_{2m} = \lim_{m\to\infty}\left\{\left(2-\frac{3}{2}\right)+\left(\frac{3}{2}-\frac{4}{3}\right)+\left(\frac{4}{3}-\frac{5}{4}\right)+\cdots \right.$$
$$\left.+\left(\frac{m+1}{m}-\frac{m+2}{m+1}\right)\right\}$$
$$=\lim_{m\to\infty}\left(2-\frac{m+2}{m+1}\right)=2-1=\mathbf{1}$$

$\lim\limits_{m\to\infty}\dfrac{m+2}{m+1}=1$ (분모, 분자 같은 차수)활용!

$$S_{2m+1}=S_{2m}+\frac{m+2}{m+1}$$

$2m$항까지의 합 S_{2m}에 $2m+1$번째 항 $\dfrac{m+2}{m+1}$를 더한 것!

$$\lim_{m\to\infty} S_{2m+1}=\lim_{m\to\infty}\left(S_{2m}+\frac{m+2}{m+1}\right)$$
$$=\lim_{m\to\infty} S_{2m}+\lim_{m\to\infty}\frac{m+2}{m+1}=1+1=\mathbf{2}$$

$\therefore$ $\lim\limits_{m\to\infty} S_{2m} \neq \lim\limits_{m\to\infty} S_{2m+1}$이므로

이 무한급수는 발산합니다.

(2) 이 경우는 괄호 한 개를 한 항으로 취급된다는 것이 중요합니다.

$$S_n = \left(2 - \frac{3}{2}\right) + \left(\frac{3}{2} - \frac{4}{3}\right) + \left(\frac{4}{3} - \frac{5}{4}\right) + \cdots$$

$$+ \left(\frac{n+1}{n} - \frac{n+2}{n+1}\right) = 2 - \frac{n+2}{n+1}$$

$$\lim_{n \to \infty} S_n = \lim_{n \to \infty}\left(2 - \frac{n+2}{n+1}\right) = 2 - \lim_{n \to \infty}\frac{n+2}{n+1} = 2 - 1 = \mathbf{1}$$

이 무한급수는 **1**에 **수렴합니다.**

무한등비급수의 수렴과 발산

무한등비급수 $a + ar + ar^2 + ar^3 + \cdots + ar^{n-1} + \cdots$의 수렴, 발산에 대해 알아봅시다.

등비수열의 합의 공식 $S_n = \begin{cases} \dfrac{a(1-r^n)}{1-r} & (r \neq 1) \\ na & (r=1) \end{cases}$ 을 알고 있죠?

$$\lim_{n \to \infty} S_n = ?$$

$\lim\limits_{n \to \infty} r^n$의 극한에 대해서 이미 공부한 적이 있습니다.

$|r| < 1$일 때는 $\lim\limits_{n \to \infty} r^n = 0$이므로

$$\lim_{n \to \infty} S_n = \lim_{n \to \infty} \frac{a(1-r^n)}{1-r} = \frac{a}{1-r} \ (수렴)$$

$|r| > 1$일 때는 $\lim\limits_{n \to \infty} r^n = \pm\infty$이므로

$$\lim_{n \to \infty} S_n = \lim_{n \to \infty} \frac{a(1-r^n)}{1-r} = \pm\infty \text{ (발산)}$$

$r=1$일 때는 $\displaystyle\lim_{n \to \infty} S_n = \lim_{n \to \infty} na = \pm\infty$ (발산)

$r=-1$일 때는 $\displaystyle\lim_{n \to \infty} r^n = \pm1$이므로 $\displaystyle\lim_{n \to \infty} S_n$의 값은 한 개로

정해질 수 없습니다(발산).

위의 결과들을 볼 때 $|r|<1$ 즉 $-1<r<1$일 때만 수렴하게

돼요.

수렴 값은 $\dfrac{a}{1-r}$ 입니다.

무한등비급수가 $\dfrac{a}{1-r}$ 에 수렴한다는 뜻은 무한히 더한 결과

가 $\dfrac{a}{1-r}$ 라는 뜻입니다

핵심포인트　　**무한등비급수의 수렴, 발산**

무한등비급수 $a+ar+ar^2+ar^3+\cdots+ar^{n-1}+\cdots$의 수

렴, 발산

① 수렴 조건 : $-1<r<1$ 또는 $a=0$

② 합 : $S=\dfrac{a}{1-r}$

앞에서 예를 들었던 무한등비급수

$$1+\frac{1}{2}+\frac{1}{2^2}+\frac{1}{2^3}+\cdots+\frac{1}{2^{n-1}}+\cdots$$를 지금 공부한 내용으로

확인해봅시다.

공비(r)가 $\frac{1}{2}$이므로 $-1<r<1$을 만족하죠? 수렴!

즉, 합이 존재합니다!

합 구하는 공식 $S=\dfrac{a}{1-r}$을 이용

$$S=\frac{a}{1-r}=\frac{1}{1-\frac{1}{2}}=2$$

무한급수 $\displaystyle\sum_{n=0}^{\infty}\frac{3^n+(-1)^n}{4^n}$의 합을 구해봅시다.

$$\sum_{n=0}^{\infty}\frac{3^n+(-1)^n}{4^n}=\sum_{n=0}^{\infty}\left\{\left(\frac{3}{4}\right)^n+\left(-\frac{1}{4}\right)^n\right\}$$

$$=\frac{1}{1-\frac{3}{4}}+\frac{1}{1-\left(-\frac{1}{4}\right)}=4+\frac{4}{5}=\frac{24}{5}$$

$$\sum_{n=0}^{\infty}\left(\frac{3}{4}\right)^n=1+\frac{3}{4}+\left(\frac{3}{4}\right)^2+\cdots,\ \sum_{n=0}^{\infty}\left(-\frac{1}{4}\right)^n=1+\left(-\frac{1}{4}\right)+\left(-\frac{1}{4}\right)^2+\cdots$$

확인예제 | 03

무한급수 $\displaystyle\sum_{n=1}^{\infty}x(x-1)^n$이 수렴하기 위한 x의 범위를 찾아봅시다.

$\displaystyle\sum_{n=1}^{\infty} x(x-1)^n = x(x-1)+x(x-1)^2+x(x-1)^3+\cdots$ 이므

로 무한 등비급수죠?

수렴 조건은 $a_1=0$ 또는 $-1<r<1$이므로

첫 번째 항 $a_1=x(x-1)$에서 $x=0$ 또는 1 $\quad\cdots$ ①

공비 $r=x-1$이므로 $-1<x-1<1$에서 $0<x<2$ $\quad\cdots$ ②

①, ②의 결과가 모두 수렴 조건이 되므로 $\mathbf{0 \leq x < 2}$입니다.

※ ①의 $x=1$은 $0<x<2$에 포함돼 있음

확인예제 | 04

무한급수 $\displaystyle\sum_{n=1}^{\infty}\left(\frac{1}{2}\right)^n \sin\frac{n\pi}{2}$의 합을 구해봅시다.

우선 이미 공부한 삼각함수의 내용을 알아야겠죠? 모르면 다시 앞으로 돌아가 복습합시다. $\sin\dfrac{n\pi}{2}$의 값을 먼저 알아봅시다.

$n=1, 2, 3, 4, \cdots$일 때의 값은 무엇일까요?

그래프를 생각해봐요.

$$\sin\frac{\pi}{2}=1,\ \sin\frac{2\pi}{2}=\sin\pi=0,\ \sin\frac{3\pi}{2}=-1,$$

$$\sin\frac{4\pi}{2}=\sin 2\pi=0,\ \cdots$$

$$\sum_{n=1}^{\infty}\left(\frac{1}{2}\right)^{n}\sin\frac{n\pi}{2}=\frac{1}{2}\sin\frac{\pi}{2}+\left(\frac{1}{2}\right)^{2}\sin\frac{2\pi}{2}$$

$$+\left(\frac{1}{2}\right)^{3}\sin\frac{3\pi}{2}+\left(\frac{1}{2}\right)^{4}\sin\frac{4\pi}{2}+\cdots$$

$$=\frac{1}{2}\times 1+\left(\frac{1}{2}\right)^{2}\times 0+\left(\frac{1}{2}\right)^{3}\times(-1)+\left(\frac{1}{2}\right)^{4}\times 0$$

$$+\left(\frac{1}{2}\right)^{5}\times 1+\cdots$$

$$=\frac{1}{2}-\left(\frac{1}{2}\right)^{3}+\left(\frac{1}{2}\right)^{5}-\left(\frac{1}{2}\right)^{7}+\cdots$$

$$=\frac{\dfrac{1}{2}}{1-\left(-\dfrac{1}{4}\right)}=\frac{\dfrac{1}{2}}{\dfrac{5}{4}}=\frac{4}{10}=\mathbf{\frac{2}{5}}$$

정답 : $\dfrac{2}{5}$

공비가 같은 두 무한등비수열 $\{a_n\}$, $\{b_n\}$에 대하여, $a_1-b_1=1$이고, $\sum_{n=1}^{\infty} a_n=8$, $\sum_{n=1}^{\infty} b_n=6$일 때, $\sum_{n=1}^{\infty} a_n b_n$ 값을 구하세요.

두 무한등비수열의 $\{a_n\}$, $\{b_n\}$ 첫째항을 각각 a, b라 하고, 공비는 서로 같기 때문에 r이라 해보죠.

두 수열을 나열해 보면,

수열 $\{a_n\}$은 a, ar, ar^2, $ar^3, \cdots$

수열 $\{b_n\}$은 b, br, br^2, $br^3, \cdots$이 됩니다.

문제의 조건에 의해서 $a-b=1 \cdots$ ①

$$\sum_{n=1}^{\infty} a_n = \frac{a}{1-r} = 8 \text{에서} \ a=8-8r \cdots ②$$

$$\sum_{n=1}^{\infty} b_n = \frac{b}{1-r} = 6 \text{에서} \ b=6-6r \cdots ③$$

②-③에서 $a-b=2-2r$이 되며,

①에 의해서 $2-2r=1$이 되어 $r=\dfrac{1}{2}$, 그래서 $a=4$, $b=3$

수열 $\{a_n b_n\}$는 ab, abr^2, abr^4, $abr^6 \cdots$ 이 되므로 $\sum_{n=1}^{\infty} a_n b_n$은

첫째항은 $ab=12$, 공비 $r^2=\dfrac{1}{4}$ 인 무한 등비급수의 합을 구하면 되겠죠.

그래서 $\sum_{n=1}^{\infty} a_n b_n = \dfrac{12}{1-\frac{1}{4}} = 16$이 됩니다   정답 : **16**

극한이 주는 인생의 교훈!

양(+)의 수(數)를 무한히 더한다면 어떻게 될까요? 답은 바로 무한대입니다. 이유를 물으신다면 무한히 더했으니까… 제가 항상 극한을 강의하면서 학생들에게 묻는 첫 물음이 이것입니다. 그런데 잘못된 답이랍니다. 무한등비급수를 공부한 학생이라면 $\dfrac{1}{2}+\dfrac{1}{4}+\dfrac{1}{8}+\dfrac{1}{16}+\dfrac{1}{32}+\cdots$의 합을 알고 있습니다. 그러나 여기서는 그 공식을 이용하지 않고 차근차근 접근해보겠습니다.

$$\frac{1}{2}+\frac{1}{4}=\frac{3}{4},\ \frac{1}{2}+\frac{1}{4}+\frac{1}{8}=\frac{7}{8},$$

$$\frac{1}{2}+\frac{1}{4}+\frac{1}{8}+\frac{1}{16}=\frac{15}{16},\ \cdots$$

이제 추측할 수 있겠죠?

합의 결과들을 차례로 나열해보면,

$$\frac{3}{4},\ \frac{7}{8},\ \frac{15}{16},\ \frac{31}{32},\ \cdots,\ \frac{1023}{1024},\ \cdots\ \text{점점 1에 가까워지죠.}$$

그래서 무한히 더해보면 1에 접근한다는 사실을 알 수 있어요.

반면 $\dfrac{1}{2}+\dfrac{1}{3}+\dfrac{1}{4}+\dfrac{1}{5}+\dfrac{1}{6}+\dfrac{1}{7}+\dfrac{1}{8}+\cdots$의 경우는 어떻게 될까요?

$$\frac{1}{2}+\frac{1}{3}=\frac{5}{6}=0.8333\cdots,\ \frac{1}{2}+\frac{1}{3}+\frac{1}{4}=\frac{13}{12}=1.08333\cdots,$$

$$\frac{1}{2}+\frac{1}{3}+\frac{1}{4}+\frac{1}{5}=\frac{77}{60}=1.28333\cdots,\ \cdots$$

어때요? 점점 커지죠? 이 수열의 합은 결국 무한히 커진다는 사실!

이 두 수열의 합은 거의 비슷한 느낌이 들죠? 그러나 그 결과는 완전히 다릅니다. 이런 수열의 극한을 공부하면서 인생을 생각하는 지혜도 키울 수 있습니다. 출발도 같고 거의 비슷한 삶의 흐름으로 살아도 인생의 마지막 순간은 완전히 다를 수 있기 때문입니다. 바른 진리의 길에 선 자와 그렇지 않는 자의 결과는 하나의 점으로 멈출 수도 있고 영원의 세계로 갈 수도 있다는 사실! 그래서 수학은 진리를 가르쳐주는 학문이기도 합니다.

한언의 사명선언문

Since 3rd day of January, 1998

Our Mission
- 우리는 새로운 지식을 창출, 전파하여 전 인류가 이를 공유케 함으로써 인류문화의 발전과 행복에 이바지한다.
- 우리는 끊임없이 학습하는 조직으로서 자신과 조직의 발전을 위해 쉼없이 노력하며, 궁극적으로는 세계적 컨텐츠 그룹을 지향한다.
- 우리는 정신적, 물질적으로 최고 수준의 복지를 실현하기 위해 노력하며, 명실공히 초일류 사원들의 집합체로서 부끄럼없이 행동한다.

Our Vision
한언은 컨텐츠 기업의 선도적 성공모델이 된다.

저희 한언인들은 위와 같은 사명을 항상 가슴 속에 간직하고
좋은 책을 만들기 위해 최선을 다하고 있습니다.
독자 여러분의 아낌없는 충고와 격려를 부탁드립니다.

• 한언 가족 •

HanEon′s Mission statement

Our Mission
- We create and broadcast new knowledge for the advancement and happiness of the whole human race.
- We do our best to improve ourselves and the organization, with the ultimate goal of striving to be the best content group in the world.
- We try to realize the highest quality of welfare system in both mental and physical ways and we behave in a manner that reflects our mission as proud members of HanEon Community.

Our Vision
HanEon will be the leading Success Model of the content group.

한 번만 읽으면 확 잡히는 고등수학 I

펴 냄   2010년 4월 1일 1판 1쇄 박음 | 2011년 9월 10일 1판 2쇄 펴냄

지은이   홍두표

펴낸이   김철종

펴낸곳   (주)한언

　　　　등록번호 제1-128호 / 등록일자 1983. 9. 30

주 소   서울시 마포구 신수동 63-14 구프라자 6층(우 121-854)

　　　　TEL. 02-701-6616(대) / FAX. 02-701-4449

책임편집   오상희

디자인   양미정 mjyang@haneon.com

홈페이지   www.haneon.com

e-mail   haneon@haneon.com

* 이 책의 무단 전재와 복제를 금합니다.
* 잘못 만들어진 책은 구입하신 서점에서 바꾸어 드립니다.

ISBN   978-89-5596-564-3 53410